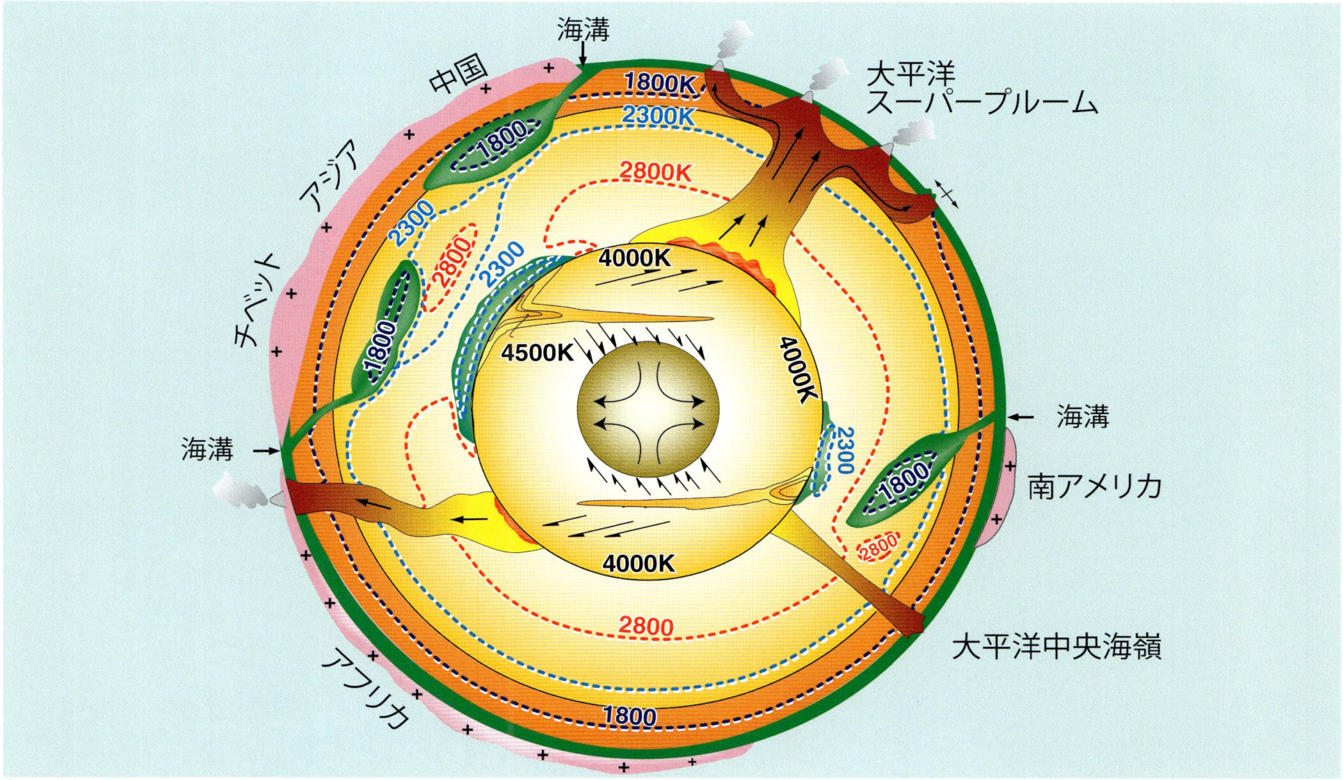

■ 地球内部の温度構造とダイナミクス（→第1章　p.25）

■ 世界の地質：世界最古の地質体はどこにあるか？（→第3章　p.45）

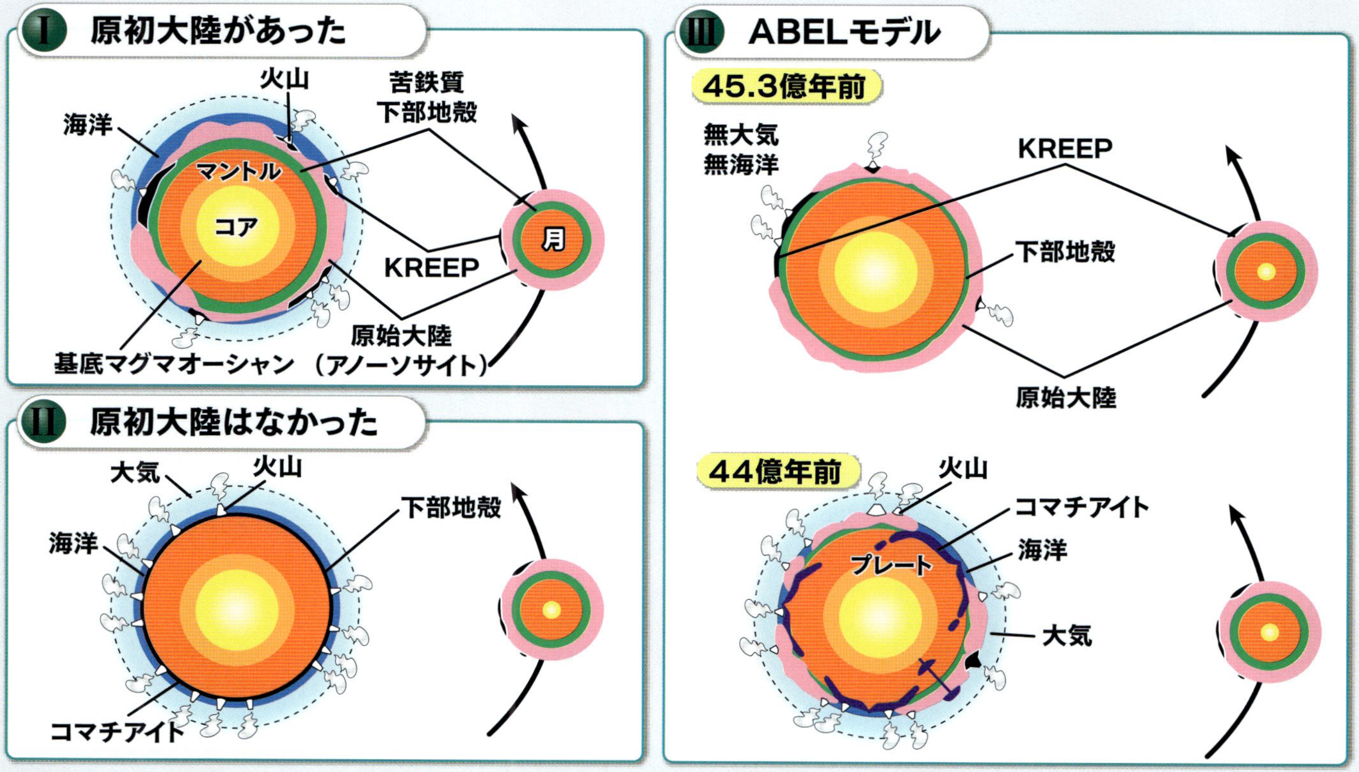

■ 地球形成モデルの諸説（→第6章　p.100）

多様な表層環境1：自然地理と表層地質

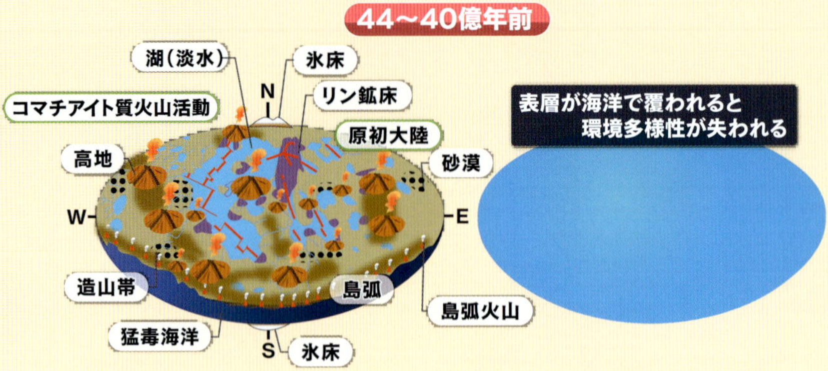

多様な表層環境2：動的な変化

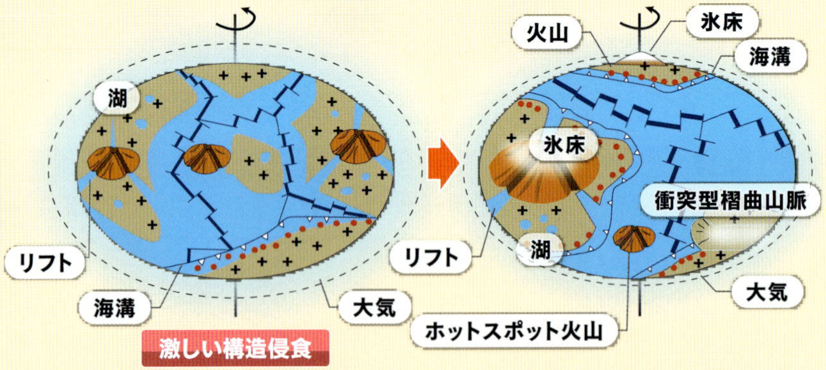

■　多様な表層環境（1．自然地理と表層地質，2．動的な変化）（→第6章　p.108, 109）

原子炉間欠泉における
気体成分の濃集と高分子有機化合物の合成

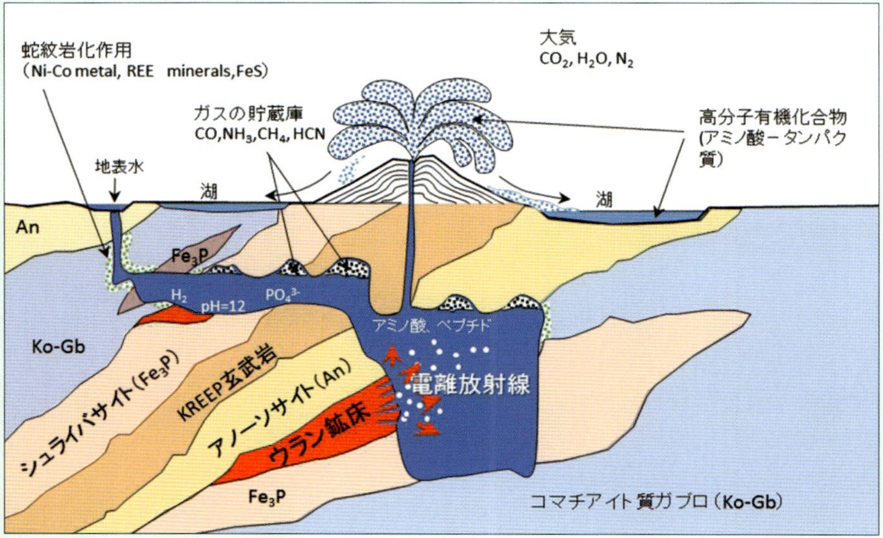

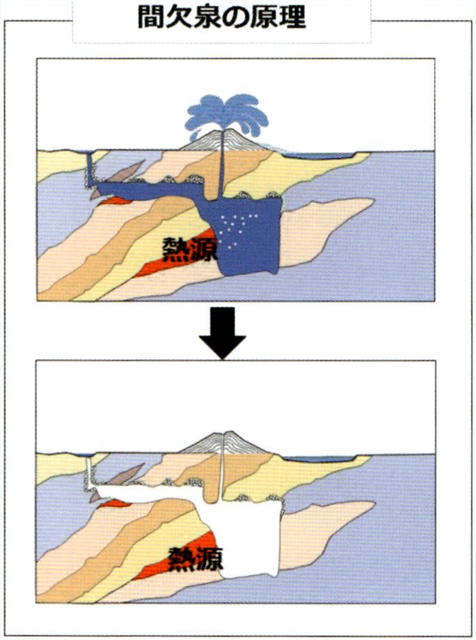

■ 原子炉間欠泉モデル（→第7章 p.121）

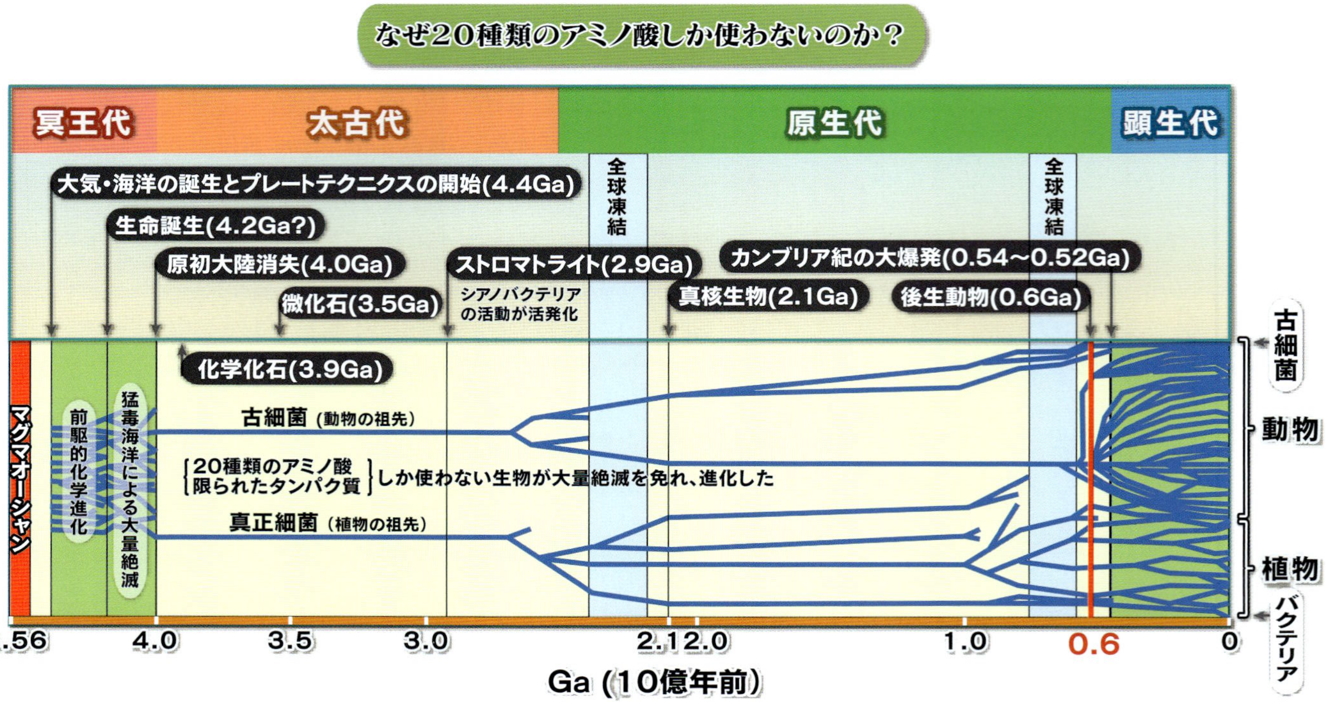

■ 地球生命の起源と進化（→第7章 p.125）

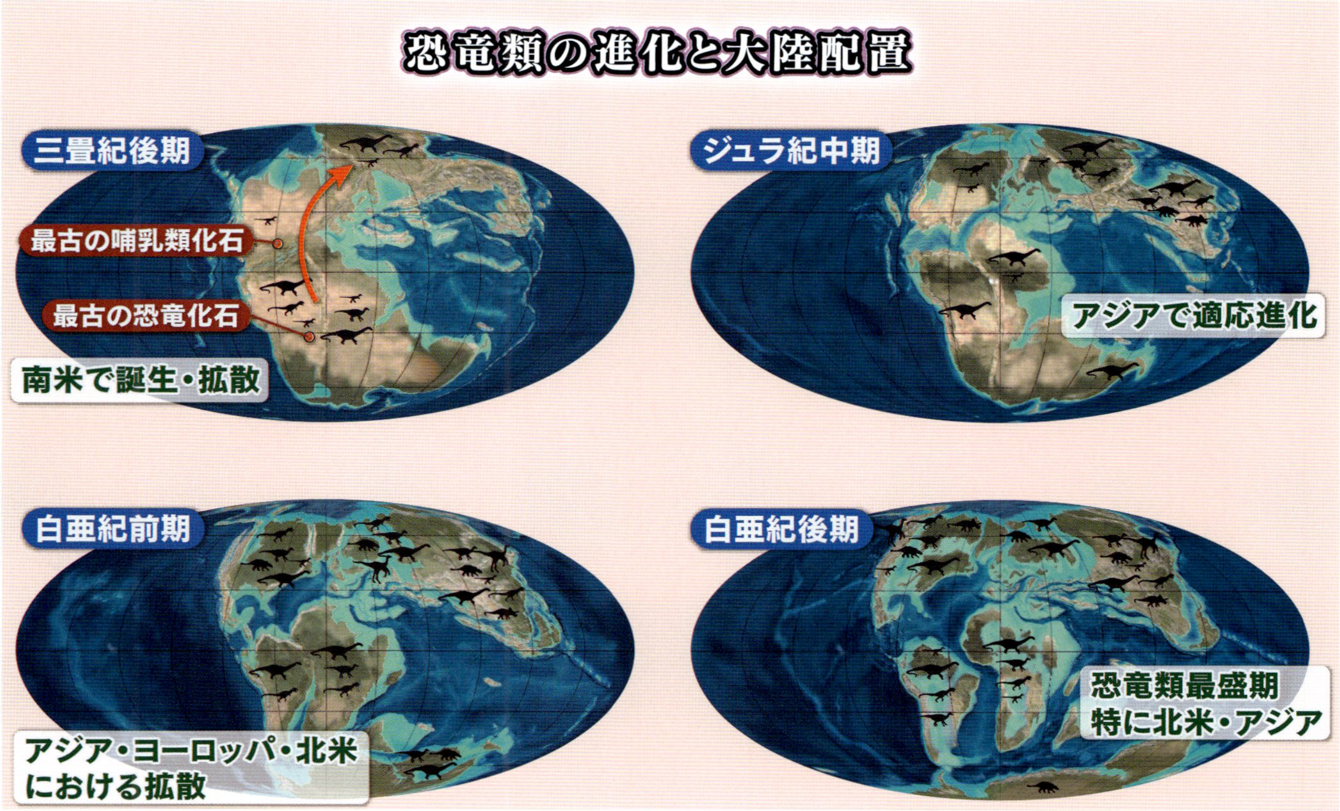

■ 中生代の大陸古地理図（→第12章　p.192）

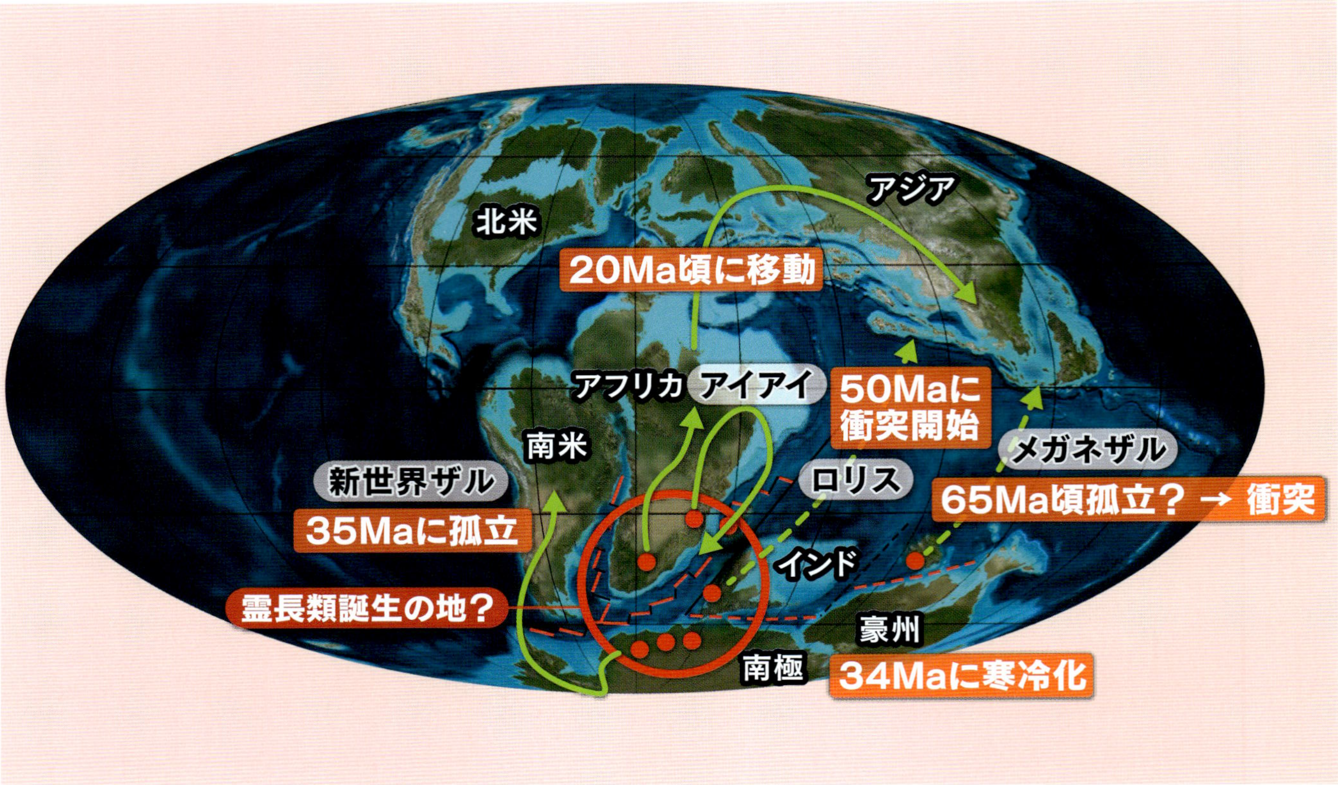

■ 1億年前頃の大陸古地理図と霊長類の起源（→第12章　p.198）

大学院文化科学研究科

地球史を読み解く

丸山茂徳

自然環境科学プログラム

地球史を読み解く（'16）

装丁・ブックデザイン：畑中　猛

o-30

まえがき

私は，これまで40年以上という長い時間を費やして，「生命と地球の歴史」に関わるさまざまな研究を日々続けてきました。私の専門は地質学で，最初に取り組んだ研究は，日本列島の地質学についてでした。ジュラ紀付加体中に付加された海底火山の復元から研究を開始し，広域変成作用の研究へと内容を拡大し，さらに日本列島地質構造発達史のモデルを提案しました。米国でのポスドク時代に実験岩石学，変成作用に関する実験岩石学の研究を進めるとともに，アメリカ西海岸の広域変成作用や付加した巨大海膨の研究，さらに文献学のコンパイルを中心としてアジア大陸の成因モデルを提案しました。さらに，グローバルな規模の地球地質および過去2億年のプレート相対運動から大陸と海洋の古地理を復元し，地球深部の地震波トモグラフィーから得られたスーパープルームの役割をプレートテクトニクスに組み込みました。下部マントルでは，カーテン状の形態を持つプレートはもはや存在せず，それに代わってきのこ状のプルームが上下方向に運動します。その理由は，地下660 kmで起こる相転移と，粘性の違いです。私は，下部マントルを中心とするプルームテクトニクスの領域は大陸地域においては地表までを支配することを主張しました。そして，プレートテクトニクス，プルームテクトニクス，スーパープルームテクトニクスの三つのシステムが，コアのダイナミクスと地球表層環境を支配することを明らかにして，全地球ダイナミクスの枠組みを提案しました。さらに，これらの固体地球ダイナミクスが支配する地球表層の進化が生命進化と密接な関係をもつことを見出しました。

上述した固体地球に関する研究と並行して，1990年から始まった「全地球史解読」プロジェクトでは，地球上に残された記録の解読を中心として，生命の起源と進化を宇宙からゲノムまでの分野を組み入れた超学際的研究として開始しました。2012年，東京工業大学地球生命研究所（ELSI）の発足とともに，今度は，生命の起源を解明する研究を開始し，生物学者や惑星形成論を研究する天文学者たちと新たな研究を始めています。ゲノムから宇宙までをシステム変動として記述する総合的体系をつくりつつあり，チャールズ・ダーウィンの進化論を含め，ゲノムから天文学までを一体化した壮大な理論の構築を行っています。これらの最新の知見を総動員して制作したのが，放送大学大学院科目「地球史を読み解く」の講義であり，その講義の印刷教材となっているのが本書です。

本書の特徴は，これまでに多数出版されている地球史や生命史の解説本とは質的に大きく異なるということです。チャールズ・ライエルの「地質学原理（1830－1833）」以降，様々な研究者による膨大な数の論文が発表され，地球史を謳った書物が出版されてきましたが，46億年の地球史全体を俯瞰し，そして，宇宙の変動の中で地球がどのようにふるまい，生命が生まれ進化してきたかを十分な証拠に基づいて説明したものはほとんどありませんでした。本書は，俯瞰科学に基づき，地球史ならびに生命史解読の理解の中核として，「地球史20大事件」を抽出することから始めています。「地球史20大事件」とは，無数にあった地球のイベントの中から，特に重要性の高いイベントを抽出しまとめたものです。これらのイベントが未来を含む地球史においてどのような意味を持つのか，そのような変化を起こしたメカニズムがどのようなものだったのか，そして，その後の歴史にどう変化を与えたのかを，システム変動という概念を適用することによって，より分かりやすく解説しています。大学院講座科目ではありますが，特別な専門知識を持たなくとも十分理解できるようなわかりやすさを心がけて執筆・制作しました。私の40年以上にわたる研究の集大成として最前線の知見を可能な限り盛り込んであります。いわゆる通説とは異なる部分もありますが，今後の研究によって，本書で解説している内容が正しいことがより具体的な研究データによって証明されることになるでしょう。

ものごとを理解するというのは簡単なことではありません。文章を読んでわかったようなつもりでも，実際には物事の本質を捉えていないということはよくあります。論文を読んでいて，その中のたった1行の文章でも真意がつかめなかったら，理解するために複数の文献を参考にしながら，1か月ずっと悶えながら考えるという努力が必要です。しかし，そこまで没頭すれば，その1行を理解できたという達成感は，生涯頭の中に残ります。真面目に一生懸命自分の研究を突き詰め，そのことによって世の中の役に立つことができるというのは，科学者としての生きがいであり，よろこびです。そういった情熱と戦略によって導き出された科学のエッセンスが本書には凝縮されています。

最後に，本書執筆ならびに番組収録を通して，真淵威志氏，平進之介氏には番組制作上の的確な助言を数多く頂戴いたしました。また，服部玲子氏には本書編集に多大な協力をしていただくとともに，図版制作には渡邉志緒氏，井出武光氏に尽力していただきました。これらの方々に深く感謝申し上げます。

2016年3月
丸山　茂徳

目次

9 原生代：極端な時代，全球凍結と生物大進化

10 カンブリア紀の生物の爆発的進化

11 古生代：多様な表層環境の再出現と生物進化

12 中・新生代：生物進化と絶滅

『地球史を読み解く』序章

丸山茂徳

講義の内容と抱負

●自然科学全分野の学際融合を持つ歴史科学

地質学は，表層に残された地層や岩石を記録媒体として，過去の地球磁場，マントルやプレートの運動，古気候，古海洋，生命進化などの生命と地球の歴史を解読することを目的としています。一方では，現在の地球・太陽系・宇宙を対象とした研究，たとえば，気象学，大気・海洋学，超高層大気物理学，太陽物理学，プレート運動学，地震学，火山学，地球電磁気学，固体地球内部物理学，生物学（内部は多岐にわたる），惑星探査学，天文学とも密接に関係しています。つまり，現在進行形の変動の観察から斉一説的視点で長周期の地球の変動メカニズムを推察するという，過去を探る歴史学の側面も持っています。そして，それらの諸要素は，厳密には，宇宙のシステム変動として取り扱われるべき課題です。

●観測・分析機器の充実と理解の革新的進歩

多岐にわたる分野を融合し，岩石や地層から過去の記録を解読するための分析機器・観測機器の技術開発とその革命的発展が我々の地球史の理解を圧倒的に前進させました。その中でも特に鍵となっているのは，付加体地質学の確立と付加体地質学の地球史への応用です。一方，21世紀に入り，深部宇宙の観測，太陽系諸惑星の探査，深部地球の理解（トモグラフィー，超高圧実験）などの飛躍的発展によって，地球─宇宙のシステム変動の解読が可能になり，それによって地球生命史の理解が急速に進もうとしています。この講義では，地球生命の起源とその進化に関する研究の世界最前線の内容をできるだけわかりやすく解説します。

●講義の概要

本書は，放送大学講座『地球史を読み解く』全15章に対応し解説しています。第1章は，放送授業第1回に対応し，第2章以降，第15章まで同様に対応します。

第1章は，「これまでの地球史研究（これまでの地球史モデルと現在の地球ダイナミクスの理解)」について，この講義全体の基礎的あるいは知っておくべき重要な概念の要約と解説です。第2章は，地球史解読において非常に重要な手法となる「付加体地質学の体系化と地球史」を解説し，そして第3章の『地球史研究の方法』へと続き，地球史解読において重要な二つの研究方法について解説します。第4章は「システムとシステム応答」とし，地球史を読み解く際に必要となるシステムの概念について解説します。第5章以降は，地球史における転換点となった重要な変動事件を年代の古い方から順に解説していきます。第5章では『地球の起源と形成プロセス』を取りあげます。月の地質，小惑星帯の惑星探査と隕石学，実験岩石学，原始大気と海洋の量と組成進化の理論計算，冥王代ジルコンの研究などを総合化して解説します。そして第6章では，『冥王代の地球と表層環境進化』を扱います。地球史研究上，岩石や地層記録が残されていない冥王代というミッシングリンクの時代は生命誕生の時代であった可能性が大きく，その研究の最前線を解説します。引き続き，第7章で『生命の誕生』のシナリオの現状について，第8章『太古代：地球生命孤児化と本格的生命進化の始まり』，第9章『原生代：極端な時代』と続きます。それに続く顕生代（最後の6億年）は，冥王代（地球史最初の6億年）と並び，表層環境が実に多様で，その物理化学的環境の多様性が生物学的な多様性を生み出したと思われます。その幕開けとなった先カンブリア時代最末期の，『カンブリア紀の生物の爆発的進化』を第10章で解説します。そしてその後の顕生代の歴史を，第11章『古生代』，第12章『中・新生代』，第13章『人類代』の3回に分けて解説します。そして第14章では，「生命地球進化のまとめ」として，13章までに取りあげられた地球史20大事件を総括し，宇宙変動も組み入れた枠組の中で新しくつくられた地球史モデルについてもう一度解説します。特に，脳の異常な進化を起こした人間の誕生は，やがて科学を発明し，文明を構築するに至り，我々生命の起源と未来を予言する地球史研究を生んだという意味で，地球史を区切る特殊なイベントとして取りあげました。原核生物，真核生物（細胞内共生），後生動物・植物（多生物共生体）に引き続いて起きた，第4の生物『人類』の誕生を独立したイベントとして取りあげざるを得ないことを解説します。最終章である15章は，『生命惑星学の体系化』で，本講義を締めくくります。これまでの太陽系諸惑星の惑星探査，現在進行中のロボットによる火星の生命探査（2012年），1000個を超える太陽系外惑星の発見，さらに人工生命実験やゲノムの解読研究などの生命科学の急激な発展によって，これまで実質的に地球生物学であった科学を，地球生命の普遍性を特殊性と区別することによって生まれうる惑星生命学の描像を最後に解説します。

科学が目指すゴールは未来予測です。生命と地球の歴史，つまり過去を読み解くことによって，我々人類の未来はどうなるのかということを地球生命史の視点から予言することが可能な時代になりました。本書では，そのような研究の最前線のモデルや概念を取り入れ，これまでになかった最新の地球史研究を紹介，解説していきます。

1 これまでの地球史研究

丸山茂徳

はじめに

本講義「地球史を読み解く」は，これまでの研究が明らかにした生命と地球の歴史を解説し，新しい地球史および生命史を提案するものです。第1章では，第2章の授業以降に解説される地球の様々な現象をより良く理解するために，現在の地球の大構造や，地球の内部でどのような運動が起きているかをまとめます。これらは，現在の研究の最前線の知識を簡略にまとめたものになります。

《キーワード》 地球史20大事件，地球史モデル，生命進化，新地質年代表

1. これまでの地球史モデル

まず最初に，地球史研究の現状と課題について理解していくことにしましょう。

これまでに，実はたくさんの研究者が生命と地球の歴史についてまとめた著書を出版してきました。ここでは，その中で最も代表的な著作であるブライアン・F・ウィンドレの『Evolving Continents』を簡単に紹介します。彼は1977年の初版以降2回の改訂版の中で，地球史を時間軸に沿って，主として大陸史を中心に解説しました。具体的には，現在に近い時代から，古い時代に向かう順序で，大陸の移動を中心に，地球の歴史を解説しています。彼の著書の素晴らしいところは，数千から1万に達する膨大な数の論文を読み，それらの情報を地球的規模で，かつ時間軸にそってまとめ上げたところです。しかし，それぞれの歴史の解説は，すべてが並列的で茫漠とした解説に終始してしまっています。つまり，地球史における出来事として，何がより重要であるかといった

強弱やその原因についての言及がないということが，彼の著書に限らず，これまでの地球史研究における問題点としてあげられます（代表的な著書としてCloud, 1987；Condie, 1994など）。

地球はあまりにも大きすぎ，ひとりの研究者が地球全域にわたって，海洋底から陸地部分までを研究することは不可能です。そこで，世界各地の地域地質や岩石と鉱物，および化石などを記載する時代が約150年続きました。そして20世紀後半に，それらの記載がひと段落し，今度は，分野をより絞り込んだ専門研究が進みました。現在は，100を超える専門分野を包括的に総合化し，生命と地球史に関するモデルをつくり上げる時代になりました。しかし，これまでに行われてきた質の異なる記載を，その重みの違いに応じて差別化し，総合化するということは極めて困難で，総合モデルを提案できる研究者はほとんどいませんでした。本書では，そのような課題を克服し，これまでの研究ではつくり上げられなかった，総合的で新しい地球史モデルを提案，解説します。

地球史における重みの違いから重要点を抽出した，新しい地球史モデルの象徴的なものが**図1-1**です。これは，**地球史20大事件**をまとめた表で，今回の講義の核となるものです。地球史46億年を通して，何が最も重要な事件だったかということを未来80億年先まで見越して描いてあります。

このような大事件を選ぶには，基準が必要です。例えば，超大陸の離合集散のような，何度も繰り返すような事件は20大事件には入りません。より重要性が高いのは，始まりと終わりの事変です。たとえば，プレートテクトニクスの開始が良い例です。プレートテクトニクスの開始は，たった一度きりの事変で，これが機能することによって，海水の組成を変え，造山帯をつくり，固体地球と表層環境の間で物質循環をし始めます。プレートテクトニクスが始まらなければ生命の誕生もありえなかったことから，プレートテクトニクスの開始は地球史における非常に重要な意味を持つ大事件です。プレートテクトニクスが終わるであろう未来の事変もまた重要なイベントとなるでしょう。このような観点からまとめられたのが**図1-1**の地球史20大事件です。

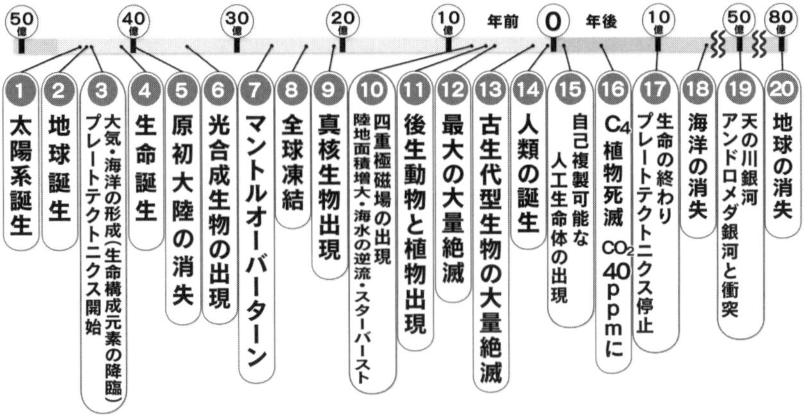

図1-1　地球史20大事件の提案

2. 新しい生命進化史の位置づけ

本講義の特徴は，地球史解読に基づいた新しい地球史の提案ですが，地球に残された記録の解読だけでなく，深部宇宙の観測学的研究からゲノム系統樹までを組み合わせた総合科学に基づくことも特徴の一つです。私はこのような総合的科学のことを俯瞰科学と呼んでいます。そのような俯瞰科学の中核をなすものの中でも特に重要性の高い方法が，次の四つです。①日本でその概念が生まれた「付加体地質学」，②地球史における個別の事象を並列に捉えるのではなく，外的あるいは内的な変化に対する応答として捉える「システム変動」，③21世紀になって急激に進展してきた「ゲノム生物学」，そして，④地質学と地球物理学を組み合わせてつくられた大陸古地理図に，化石の記録や環境変動を示唆する同位体地球化学の情報を組み込んでつくった「大陸古地理総合図」です。これらを組み込んだ総合科学の集大成として進化論を提案することになります。

3. 太陽系の中の地球の位置

我々は広い銀河の中の太陽系というシステムの中に位置づけられる地球という惑星に棲んでいます。そこで，我々はどのような環境の中に置かれているかという基本的な概念を確認することから始めていきましょう。

図1-2は，太陽系全体を概観した図です。中心に太陽があります。左の図では縮尺が大きすぎて，巨大ガス惑星から外側の惑星の公転軌道しか見えませんが，中心部を拡大した右の図には太陽系の内側に岩石惑星が並んでいることがわかります。

太陽に近いところから惑星を見ていくと，内側の四つの惑星は，水星，金星，地球，火星で，すべて岩石でできた惑星です。その外側に，直径が200 km以下の小惑星と小惑星になりそこねた破片が総計5000個ほどもあって小惑星帯を形成しています。ただし，それらの質量を全部足しても月の質量程度にしかなりません。その外側には，巨大ガス惑星である木星と土星があり，さらに，その外側に氷惑星である天王星と海王星があります。冥王星から外側には，惑星と呼ぶには小さすぎる矮惑星，小惑星，微惑星が数千個にわたって散在するカイパーベルトがあります。

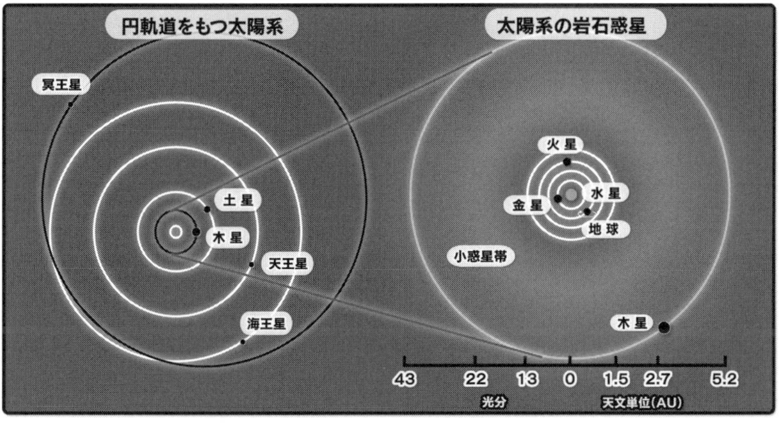

図1-2　太陽系の惑星と軌道の特性

そして，最外殻に水素ガスを中心としたオールトの雲とよばれるゾーンが球体として太陽系を覆っています。これが，我々の太陽系の構造です。

注目していただきたいのは，液体の水が安定な領域であるハビタブルゾーンは，私たちの地球の前後の非常に狭い幅に存在しているということです。時代とともに次第に活発化してきた太陽活動を考慮すると40億年以上，ハビタブルゾーンの中に地球が存在しつづけたのは奇跡的であるという感覚を持つでしょう。

さらに地球の場合は，地軸が傾いているために，四季が生まれ，多様な表層環境を生み出します。また，衛星としては異常に大きい月が地球の周りを公転しているために，潮汐力によって潮の干満の差が生まれ，高分子有機化合物を合成しうる乾湿反復作用の原因となり，生命誕生の場では非常に重要な条件になりました。

このように液体の水を持つためには地球が最初期から円軌道を持ったことは非常に重要な初期条件になっています。図を見てわかるように，太陽系のほとんどの惑星がほぼ円軌道であるということがわかります。地球の軌道もほぼ円軌道であり，かつ，液体の水の存在領域であるハビタブルゾーンに収まっているために，1年を通じて液体の水が安定で，さきほど述べたような多様な表層環境をもつことになります。

もしこれが楕円軌道であったとすると，1年のうち数か月はハビタブルゾーンの外側で全球凍結に陥り，逆にハビタブルゾーンの内側にいる期間は，金星のような灼熱地獄の惑星になってしまうということになります。そのような過酷な環境の繰り返しでは，液体の水を必要とする生命が数億年をかけて進化していくという過程は起こりえないでしょう。

4. 地球の大構造と組成

では，次に地球の大まかな構造について見ていきましょう。

地球の半径は約6400 kmです。表層から2900 km深度（地球半径のだいたい1/2の中間点）までの領域は岩石で構成されており，残りの2900 km深度から中心までは金属鉄で構成されています。

表層の6-30 kmの部分は，マントルに比べてSiO_2が多い大陸地殻と海洋地殻からなります。その下が上部マントルで，410～660 km深度の部分がマントル遷移層と呼ばれる領域です。その下の660-2900 km深度の部分を下部マントルと呼びます。上部マントルと下部マントルの境界は深度660 kmにあり，境界面は不連続になっていることが地震波の観測からわかっています。2900 kmから地球中心までは，金属鉄が約90 %を占め，残りの10 %が硫黄などの軽元素で占められる核となります。5100 kmを境に，液体からなる外核と固体からなる内核に分かれています。外核の流体は速い速度で対流しているために強力な地球磁場は刻々と変化し，オゾン層とともに，宇宙から生物を守る壁となっています。固体地球は，上空約1000 kmにわたって大気圏に覆われています。表層から約11 kmの高度までを占めているのが対流圏で，そこでは空気が激しく対流し，表層岩石の風化・侵食・運搬に貢献するので，生命地球を維持する栄養塩物質循環に極めて大きな役割を持っています。

ここで，地球の表層と固体地球内部の運動速度を比べてみます。風，つまり大気は毎秒1 m程度で動き，プレートは毎年5cm程度の速度で動きます。つまり，速度において10^9のオーダーの違いを持ちます。これは，表層の運動とマントルの運動が互いに無関係であるということを意味しています。

次に，固体地球と表層で激しく運動する大気・海洋が，地球システムの中で，各々どのようなダイナミクスを持つのか**図1-3**で簡単に解説しましょう。

図1-3は，太陽と地球，そして地球の大構造を簡略化して描いてありますが，さきほど述べたように，物質循環の速度の違いから，地球システムを固体地球，表層環境，地磁気などのサブシステムに分けることができます。固体地球の中を見ると，地殻，上部マントル，下部マントル，外核，内核が地球を構成するサブシステムとして考えることができます。それぞれのサブシステムを駆動するエンジンはそれぞれ異なります。たとえば，表層の物質循環は太陽エネルギーが駆動し，固体地球は地球形成時の内部熱が駆動しています。

固体地球の変動は表層の物質循環と無関係であるといいましたが，億

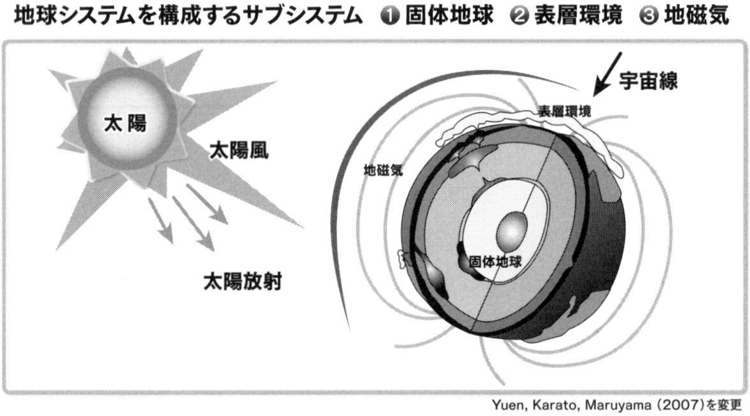

図1-3 地球システム

年単位で表層環境を議論すると，実は強い関係性がでてきます。地球生命史では，固体地球の変動が，表層環境を大きく変え，表層で生きる生物の進化を左右します。あるいは，生物の活動によって固体地球に変動を起こします。たとえば，光合成生物によって地球の酸素が急増し，生物進化のみならず，地球の大気組成を大きく変えたことは，生物と固体地球がともに影響し合いながら進化する「共進化」のよい例といえるでしょう。生命進化論における固体地球の役割は地味で小さいと考えられてきましたが，そうではなく，重大な役割を果たしていることがおわかりいただけると思います。

5. 地球のダイナミクスを理解するために必要な概念

生命史を読み解くためには，いくつかの特に重要な固体地球の概念を理解しておく必要があります。それらは以下にあげる7つの概念です。

①プレートテクトニクスとプレート境界過程

②造山運動と造山帯

③地球内部のダイナミクス（スーパープルームの活動）

④地球内部の物質循環

⑤大陸三層モデル（地球表層の大陸，地球内部の第2大陸と第3大陸）

⑥マントルダイナミクスが支配した大陸の離合集散
⑦地球のダイナミクスと大陸移動

それぞれの概念が地球生命史でどのような意味をもつのかを次に簡単に解説します。

①　プレートテクトニクスとプレート境界過程

プレートテクトニクスは地球表層環境を安定した状態として維持する上で重要な物理プロセスとして機能しています。地球表層は厚さ100 km以下の剛体的挙動をする約10枚のプレートによって覆われており，プレート境界には三つのタイプがあります。一つ目は，「発散境界」で，プレートが生まれる境界です。海洋地域の中央海嶺やアフリカ大陸の地溝帯は発散境界です。前者の発散境界では，最も大量にマグマが生産されますが，これは下位から上昇する板状のマントルが減圧融解することによって起こります。1年間に25 km^3のマグマが生産されます。これは1辺が3 kmのサイコロに相当する量だと想像して実感して見てください。二つ目は，「接近する境界」，あるいは「収束境界」です。東北地方の東の沖にある日本海溝はそのような境界で，全地球で毎年5 km^3の安山岩がその背後の島弧や陸弧で生産されます。また，ヒマラヤ山脈のように大陸と大陸が衝突する境界も収束境界の一例です。そこでは火山活動はほとんど起きません。三つ目は，プレートが「すれ違う境界」です。有名な例は，ロサンジェルスからサンフランシスコまでつながっている横ずれ断層境界で，サンアンドレアス断層と呼ばれます。これら三つのプレート境界のうち，二つ目の収束境界での運動は生命にとって必要な栄養塩供給源の形成と非常に密接に関係しています。

②　造山運動と造山帯

プレート境界では1億年程度の時間をかけて，造山帯と呼ばれる，長さ1000 km，幅数10 km，厚さ30 km程度の地質体がつくられ，そのプロセスを造山運動と呼びます。造山帯には実は二つの種類があります。一つは「衝突型造山帯」で，大陸が衝突し，片方の大陸の下にもう片方の大陸が沈み込むことによって，両者の境界に山脈がつくられます。地球の屋根とよばれるヒマラヤ山脈がその代表例ですが，このタイプの造山帯には花こう岩マグマが生産されることはありません。しかし，既存の大陸地殻を極めて激しく変形，あるいは再結晶させることが特徴で，最も重要なことは風化，侵食，運搬を通して海洋地域へ大量の栄養塩を供給して，地球のバイオマス（生物の全体重）を増やすことに貢献するということです。

もう一つの「太平洋型造山帯」の代表例は現在の日本列島です。海洋プレートが沈み込み，海溝から100 km～150 km離れた場所に火山列が出現します。この火山は年間5 km^3の割合でマグマを生産しますが，ここで生産されるマグマが花こう岩質マグマ，あるいは安山岩と呼ばれる岩石です。生産量は中央海嶺で生じるマグマの約1/5で，かつ化学組成も中央海嶺玄武岩の組成とは異なります。

花こう岩は生物にとって必須の約20種類の栄養塩元素の供給源となります。代表的な栄養塩はリン，カリウムですが，それらの栄養塩を供給する花こう岩は太平洋型造山運動でしか生産されることがありません。栄養塩は生命維持のための必須元素ですから，地球史を通じて，太平洋型造山運動にどのような変化があったのかというのは生命進化と密接に関係しています。

③ 地球内部のダイナミクス

図1-4は，全地球の断面図で，日本―インド―アフリカ―大西洋―南米―太平洋を輪切りにした図です（Maruyama et al, 2007）。このような地球の温度構造の詳細な地球断面図は，地球内部の理解がある程度進んだ1994年頃に筆者が描いたものが最初でした（Maruyama, 1994）。その後の研究の進展とともに，現在では地球内部について，この図に描かれているようなダイナミクスがわかっています。上部マントルでは沈み込むプレートや中央海嶺下の400 km深度まで，カーテン状の三次元の形態を持つ水平方向と垂直方向の流れが同定されて

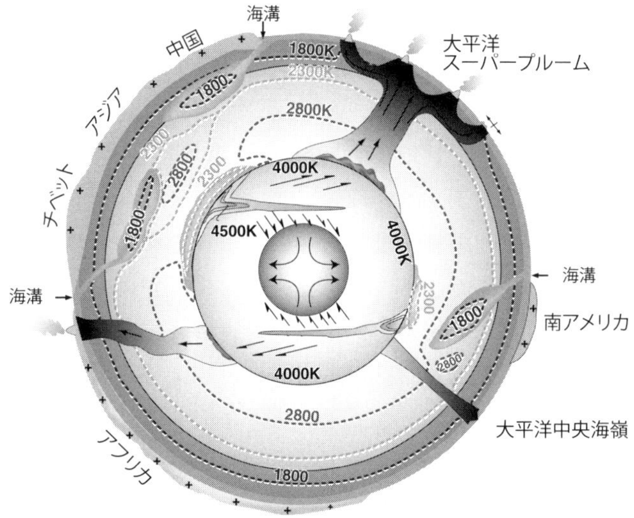

図1-4　地球内部の温度構造とダイナミクス（口絵p.1）

います。一方，下部マントルでは，そのようなカーテン状の形は見られず，塊状あるいはプルーム（キノコ）状の上昇，あるいは下降流が観測されます。特に，太平洋とアフリカの深部に起源をもつ二つの巨大上昇流であるスーパープルームと，アジア東部の下位にある巨大下降流の3大マントル対流が現在の地球の主要なマントル対流の実体です。

このような巨大なマントルプルームの対流の結果，マントル/外核境界付近には局所的に大きな温度差が生まれることになります。アジア東部の下位にある巨大下降流が原因で，直下の外核は選択的に冷却されるため，この地域のマントル/核境界直上の温度は非常に低く約2000 Kです。一方，巨大な上昇流の根っ子にある太平洋地域直下の核直上では4000 Kに達する温度があり，水平方向に2000 Kに達する大きな温度勾配ができています。このような温度構造が原因で直下の外核の液体が三次元的には渦をまくような8本程度の筒状の下降流として固体中心核を取り囲みます。外核表層のやや低温の核物質が下降すると，昇圧によって結晶化した鉄が固体中心核付近をかすめて下降するときに金属の結晶を内核に供給し，1000年に1 mmの速度で固体核を成長させていると推測されます。この金属鉄の流れは自由電子の流れですから，電磁ダイナモによって，地球の中心から表層はもちろん，私たちの体を貫く強い磁力線となって磁場を形成し，太陽からのプラズマ粒子の流れを遮断する生命の防護壁が生まれる原因になります。

このようなダイナミクスの理解によって，より長期的な時間軸における表層環境の変動をダイナミクスの原理とともに理解できるようになりました。それによって，さらに理解が進んだのが地球内部の物質循環です。たとえば，地球表層にある海洋の水は，永遠に表面に留まるのではありません。蒸発して大気に移動する水もあれば，含水鉱物としてマントルに運ばれるものもあります。

④ 地球内部の物質循環

地球は表層，上部マントル，下部マントル，核という四つのサブシステムで構成されていると考えることができます。それぞれのサブシステムは短期的には，独立して機能しているように見えますが，長期的には非常に密接に関連しあっています。それが物質循環という現象です。たとえば，中央海嶺で生まれた新しいプレートは，プレート収束境界の沈み込み帯で660 km深度まで運ばれます。沈み込んだスラブは，上部マントルと下部マントルの境界で相転移を起こすので滞留しますが，長期的には下部マントルへ沈み込んでいきます（Ringwood, 1994；Maruyama, 1994；Fukao et al, 1994）。冷却したプレート物質は外核表面まで落下し，外核表層を水平方向に移動します。外核表層の高温部分のところにくると，プレート物質が部分融解して鉄に富んだ密度の高いマグマをつくり，反大陸地殻をつくります。とけ残った海洋地殻はまわりのマグマより軽いので浮力を持ち，上昇してスーパープルームの形をとって再び地表まで上昇します。そして，地表でホットスポットを形成します（Maruyama et al, 2007）。

マグマが生まれる場所は2か所しかありません。マントルの最上部と最下部です。その2か所でしか物質分化は起きないので，地球史を通して，2か所が次第に膨らんで肥大化します（Maruyama et al, 2007）。

これはプレート物質に限ったことではなく，さきほど述べた海水やそれに含まれる塩分，あるいは大気中の二酸化炭素についても同様で，地球規模で循環しています。つまり，生命を構成する主要元素C, H, O, Nさえ表層に常にとどまっているのではなく，地球深部から表層まで長期的に循環しているということです。

海は永遠に安定ではなく，固体地球の物質循環によって海水の量を変えてきました。未来は海洋が表層から消えて生命の終わりの時代となる運命が待ち構えています。その海水の行く先がマントル遷移層（410–660 km深度）です。

⑤　大陸三層モデル

さきほど地球のダイナミクスの中で簡略化のために説明を省略しましたが，表層の大陸地殻は常に安定して地表に留まるという概念が壊れようとしています。このきっかけとなる提案が「大陸三層モデル」と呼ばれるもので，私たちが2008年に初めて提案したモデルです。大陸三層モデルとは，表層にある大陸（第1大陸），マントル遷移層に滞留している大陸地殻物質（第2大陸），そしてコアの直上に存在する原初大陸物質（第3大陸）からなります。第3大陸はもともと地表にあり，生命を誕生させた器でしたが，40億年前までに地球表層から消失し，外核直上の基底マグマオーシャンの中に崩落しました。第2大陸は，もともとプレートの沈み込みによって少しずつ地表に蓄積・増加した安山岩でしたが，島弧地殻の直接沈み込みや構造侵食によってマントル遷移層に運ばれ，第2大陸となりました。現在では，第2大陸は表層の大陸の総質量の10倍に匹敵する規模になり，自己発熱するために上部マントルの大陸の離合集散を支配しています。

⑥　マントルダイナミクスが支配した大陸の離合集散

超大陸とは，複数の大陸が一か所に集まってできる大きな一つの大陸です。超大陸が形成されるのはプレート収束場で，最も冷たい上部マントルがつくられる場所です。そのような場所が数億年もたたないうちに，最も暖かいマントルに進化し，分裂していくということは，これまで長い間，謎でしたが，実はこれに答えを導いたのは上述した第2大陸という新しい概念です。第2大陸は表層の花こう岩質大陸地殻がプレートとともに沈み込んで形成される大陸ですが，花こう岩は玄武岩やマントルに比べて約400倍の放射性同位体元素を含みます。これらは1億年で約150℃発熱しますから，時間とともに，重要な熱源になるのです。つまり，超大陸の分裂や移動は第2大陸が支配していることがわかったのです。

同じように第3大陸とよばれる原初大陸がマントルの底に局所的に分散して存在することが予測され，第2大陸と同様に，大量の発熱元素に富むために，惑星の熱的進化を支配しています。このように固体地球ダイナミクスの研究は新しい時代を迎えています。

⑦　地球のダイナミクスと大陸移動

図1-5は，8-7億年前から現在に至る超大陸の分裂移動再融合を簡略化した図です。第11章と第12章で詳細を解説しますが，生命進化の黄金時代は大陸移動によってうまく説明することができます。そして，表層における生命進化は実は第2大陸によっても支配されているのです。

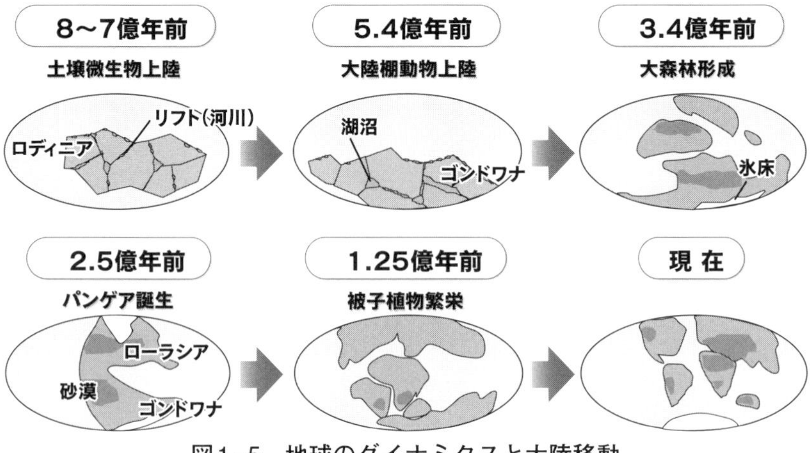

図1-5　地球のダイナミクスと大陸移動

6. 新地質年代区分の提案

生命と地球の歴史は，1859 年のダーウィンの自然淘汰説の登場以降，大きな進展はありませんでしたが，20 世紀後半から現在にかけての数十年間に極めて大きく発展しました。そして大陸古地理総合図と組み合わせることによって「茎進化」や「冠進化」（→**第12章**）といった新しい進化論が生まれました（e.g.Shu et al., 2014）。その結果，これまで化石の証拠に基づいて定義されてきた地質年代の区分の定義年代を大きく変える必要がでてきました。

図1-6は，地質年代区分の新提案をまとめた表です。上半分が，これまでの地質年代区分の表で，冥王代，太古代，原生代，顕生代となっています。下が，今回我々が提案する新しい地質年代区分です。地質年代区分は化石の証拠に基づいて，それまで繁栄していた生物の死滅と新たな生物の誕生の記録を残した化石に基づいてつくられてきました。そのような基準で考えると，大型多細胞生物はエディアカラ紀から出現したことが最近の研究からわかりました。そこで，エディアカラ紀をエディアカラ代に昇格させて，新区分を提案します。昇格させる理由は，動植物の大量絶滅がエディアカラ代と古生代の境界に起き，その結果，カンブリア紀型生物が誕生して我々の祖先となったからです。また，古生代と中

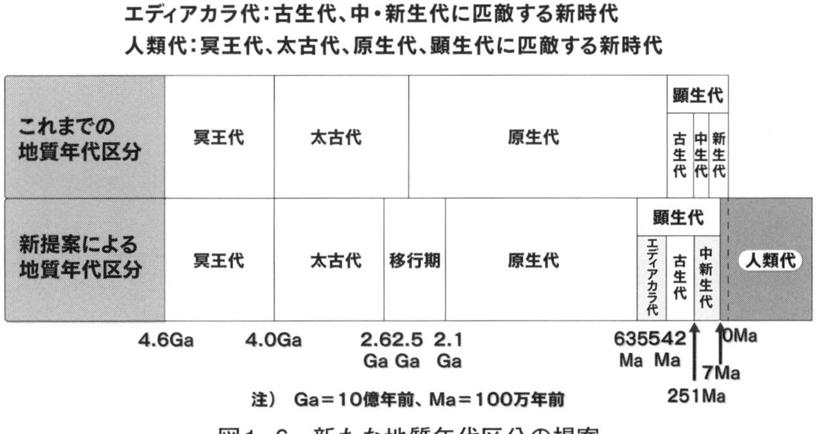

図1-6　新たな地質年代区分の提案

生代の境界には従来の年代区分にあるように大きな意味がありますが，中生代と新生代の間には，動植物の進化途上において強調すべき大きな違いはありません。従って，これらをひとくくりの時代として「中・新生代」に区切りなおしました。さらに人類はこれまでのいかなる生物とも異なる重大な違いを持っています。人類誕生後たった700万年しかたっていませんが，顕生代，原生代，太古代，冥王代という最も大きな時代区分に匹敵する大きな時代区分として人類代を提案します。

引用文献

Cloud, P., 1987. Phosphate deposits of the world, Vol 1, Proterozoic and Cambrian phosphorites-Cook, PJ, Shergold, JH. Science 236, 1125-1126.

Condie, K.C., 1994. Archean crustal evolution. Elsevier, Amsterdam, Netherlands.

Fukao, Y., Maruyama, S., Obayashi, M., Inoue, H., 1994. Geologic implication of the whole mantle P-wave tomography. Journal of Geological Society of Japan 100, 4-23.

Maruyama, S., 1994. Plume tectonics.Journal of Geological Society of Japan 100, 24-49.

Maruyama, S., Santosh, M., Zhao, D., 2007. Superplume, supercontinent, and post-perovskite：Mantle dynamics and anti-plate tectonics on the Core-Mantle Boundary. Gondwana Res.11, 7-37.

Ringwood, A.E., 1994. Role of the transition zone and 660 km discontinuity in mantle dynamics. Physics of the Earth and Planetary Interiors 86, 5-24.

Shu, D., Isozaki, Y., Zhang, X., Han, J., Maruyama, S., 2014. Birth and early evolution of metazoans. Gondwana Res.25, 884-895.

研究課題

1. 地球史20大事件にあげた各イベントが，地球史におけるその他のイベントとどのように異なり，なぜ重要なのか考えてみましょう。
2. 太陽系や地球の基本的な大構造について復習し，把握しましょう。
3. 地球のダイナミクスを理解する上で重要である概念（本章内にあげた7項目）について理解を深めましょう。

2 付加体地質学の体系化と地球史

丸山茂徳・磯崎行雄

はじめに

付加体地質学は日本の地質研究から生まれた学問体系です。プレートが沈み込む場所で形成される付加体と，その中に認められる「海洋プレート層序」は，2億年より前の地球史を読み解く非常にパワフルなツールとなります。付加体の知識を利用すると，遠い過去の地球でプレートがどのように運動したのかを明らかにすることができます。さらに，地球内部のマントルや核を含めた固体地球の変動の歴史，さらには宇宙の変動さえも明らかにできます。地球史研究においてなぜ付加体が重要なのか，そして，プレートテクトニクスの理論全体の中の小理論の一つである「付加体地質学」の位置づけを本章で解説します。

《キーワード》 付加体地質学，海洋プレート層序（OPS），デュプレックス構造，防護帯の小理論，プレートテクトニクス

1. 世界のプレート境界

地球表層は10枚程度のプレートで覆われています。プレートは，地球表面の岩石が変形しにくい硬い板として挙動している部分で，約100 km程度の厚さを持ち，プレートの底はマントルの最上部にあたります。プレートの境界には三つのタイプがあります（→p.23）。一つ目は，プレートが生まれ，広がっていく場所（発散境界）です。中央海嶺が代表例ですが，大陸が裂けるリフトも発散境界にあたります。二つ目はプレートの沈み込み境界，あるいは衝突境界です。海溝や巨大山脈がその例で，日本が典型例です。三つ目はプレート同士がすれ違う境界で，トランスフォーム断層をつくります。

プレートテクトニクスは地球表層での物質循環を大きく支配するしく

みです。地球史を考える上では，三つの境界のうち，特にプレートの沈み込み境界が重要です。そこでは，しばしば特殊な地質体がつくられ，それが地球史の研究に非常に重要です。

日本周辺のプレートの配置は世界でも非常にまれなケースとなっています。なぜなら，日本列島には4枚のプレートがひしめき合っているからです。東北日本では，太平洋プレートが北アメリカプレートの下に沈み込み，西南日本では，フィリピン海プレートがユーラシアプレートの下に沈み込んでいます。

では，プレートが生成されてから，マントルに沈み込むまでの過程を解説しましょう。海洋プレートは中央海嶺で形成され，その両側に拡大し，海溝で沈み込みます。日本列島はその沈み込み帯に位置しています。海洋底が時間とともに拡大する間，その表面には，地層がゆっくりと堆積します。そして，プレートが徐々に移動して沈み込み帯に近づくと，それらの上に陸から運ばれてきた泥や砂が海溝で厚く堆積します。その結果，下から順に，海洋地殻，深海の地層，そして泥岩や砂岩が積み重なります。この一連の岩石・地層の積み重なったセットを「海洋プレート層序」と呼びます。英語ではOcean Plate Stratigraphy，その頭文字をとってOPSと呼びます。実は，この海洋プレート層序は，日本の陸上地質調査から新しく導かれた概念です。そして地球史を考える上で，大変重要な意味を「海洋プレート層序」が持っています。

2. 海洋プレート層序（OPS）

図2-1(b)は陸上に露出する付加体がもつ一般的な内部構造のスケッチです。例えば，日本では，西南日本の四万十帯やジュラ紀付加体にこのような岩石・地層が観察されます。不均質な泥岩や砂岩の中に，チャート，珪質泥岩，玄武岩，石灰岩などの多様な岩石や地層の塊が雑然と含まれています。このような産状からメランジュ（mélange）という名称がつけられています。これらの岩石や地層に含まれる化石から年代を調べると，各々の塊が別々の年代を持つこと，またそれらの年代幅

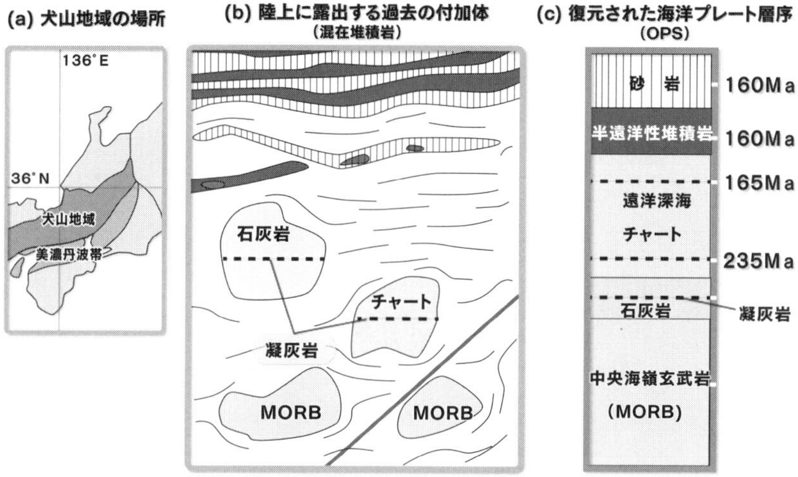

図2-1　付加体の一般的産状と海洋プレート層序

は実に広く，場合によっては1億年以上にわたることがわかりました。地層は基本的に，堆積した順番に従って，上位に向かって年代が若くなります。しかし，このような付加体の場合にはそのルールが当てはまりません。そこで，各々の年代順に，これらの地層を整理して，並べなおしました。そして復元されたのが**図2-1**(c)の海洋プレート層序（OPS）です。先に説明したように，実は，この層序は海嶺から海溝へ移動したプレートの歴史にあたります。プレートが海嶺で生まれて1億年以上たつと，海洋プレートは海溝に到達します。そこでプレートの表面部分がはがされて，陸側に付加されます。つまり，海洋プレートの上では元々一連だった地層がバラバラに壊されて陸側に付け加わったことを示します。このようにして，沈み込むプレート側からその上の大陸側プレートの底に付け加えられる岩石・地層全体のことを付加体と呼びます。

3. 付加体の具体例

日本列島各地には付加体を残した様々な露頭があることが知られています。はじめに，高知県須崎市で見られる付加体を紹介しましょう。須崎の海岸の崖には，深海チャートと枕状溶岩といった海洋プレート層序のセットを見ることができます。最も下位に海洋地殻の枕状溶岩が露出しており，その上位に褶曲した深海チャート，さらにその上位に珪質泥岩，そして最も上位に厚い砂岩が重なっています。この地域ではこのような一連の海洋プレート層序が層理面と平行な断層によっていくつも繰り返して出現することが高知大学の岡村教授らの調査でわかりました(Okamura and Uto, 1982)。

深海チャートの年代と，砂岩の年代から，この付加体をつくった海洋プレートが1億2800万年前に海嶺で誕生し，8700万年前に海溝に到着したことがわかりました。また，この海洋プレートの誕生場所を特定することができます。この海洋プレート層序は，1億2800万年前からでき始めたので，その誕生場である海嶺は，おそらく太平洋プレートと，クラという名前の別の海洋プレートとの間にあったこと，またその位置は南緯20°であったことがわかりました（Saito et al, 2014)。中央海嶺で形成された海洋地殻は**図2-2**の破線のようなルートをたどって，最後に白亜紀の東アジアの縁に付加したのです（**図2-2**)。

このように，付加体のOPSには海洋プレートの誕生から付加するまでの年代に関する過去の記録が残されています。このOPSをうまく使うと，地球史の中でも最も古い時代についても重要なことが解明できます。

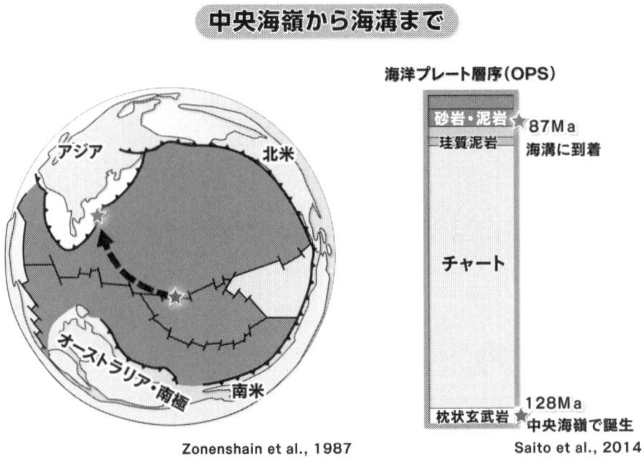

図2-2　プレート移動履歴の解読

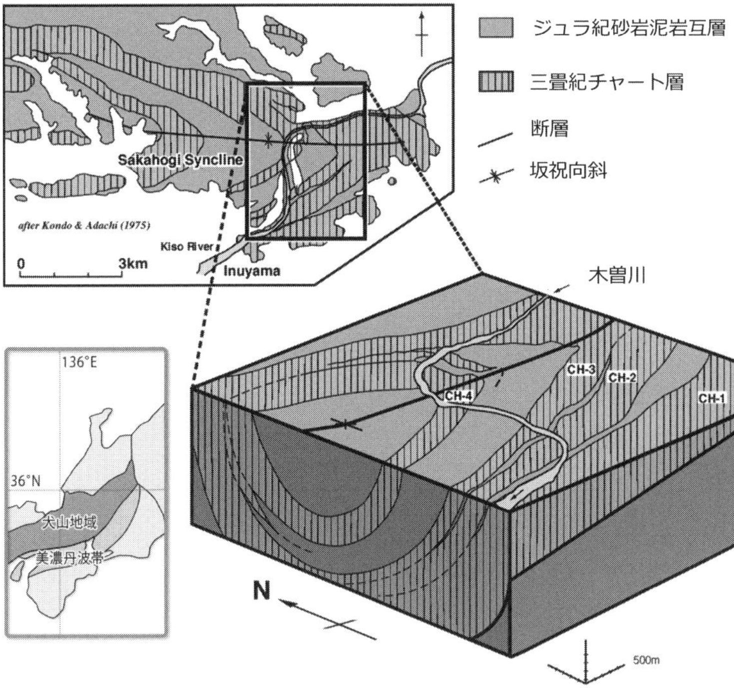

図2-3　犬山地域の地質図と地質断面図

次に，愛知県犬山市と岐阜県各務原（かがみはら）市坂祝（さかほぎ）町にまたがる木曽川周辺の付加体を紹介しましょう。**図2-3**は，犬山地域の地質図と地質断面図です。たて線で表した部分が深海堆積物のチャートを表し，灰色の部分は海溝にたまった泥岩砂岩を示しています。三次元の構造を見ると，非常にきれいな褶曲構造が見られます。チャート層と，泥岩・砂岩は下位から上位に向かって整然と積み重なるように見えます。しかし，地層の中の微化石の年代測定によって，整合ではないことがわかりました。この図にあるチャートは三畳紀，砂泥互層はジュラ紀の地層です。つまり，見掛け上はチャートと砂泥互層は整合に見えますが，実は，三畳紀，ジュラ紀，三畳紀，ジュラ紀，と断層によって繰り返すことが判明したのです。このことから，現在の見掛け上の整然とした積み重なりは二次的なものであって，初生的なものではないことがわかりました。この発見は，大変な衝撃を地質学者に与えました。野外で地質学者が整合と判定し，当時のすべての日本の地質学者が同意した常識が覆されたからです。この発見は，やがて，世界中の地質学者に大きな衝撃を与えることになりました。

4. チャートと化石分帯

チャートは昔の海洋底に堆積した堆積岩で，プランクトンの殻からできています。チャートをよく観察すると，粗い砂粒や礫といったものは含まれていません。肉眼では，粒が全く見えず，非常に細粒緻密な岩石です。チャートをプレパラートにして顕微鏡で観察すると，プランクトンの殻を見ることができます。化学分析でも，チャートは二酸化ケイ素（SiO_2）が95 %を占めていることがわかります。しかし，チャートを構成するプランクトンの形は時代とともにどんどん変化していきます。

犬山のチャートの各層から産する化石の種類の違いに基づくと，**図2-4**のように14の区間に分けることができます。例えば，三畳紀中頃の部分から産出する放散虫と，その80 mくらい上層の部分からは，全く異なるタイプの放散虫が出てきます。

このようなものがどこで堆積したのかというのは長い間議論になっていましたが，プランクトンがどの時代のものであるかということは，形状からカタログのようなものができています。それと放射性年代を組み合わせて，プランクトンの形状から時代を決定することが可能になっています。たとえば，「ある形のものは2億3千万年前のものである」とか，「あるいは別の形のものは2億年前のものである」というようなことがわかります。このような情報に加えて，チャートの地層の厚さが測定できると，堆積に要した時間を知ることができます。これら二つの情報から割り出すと，チャートの堆積する速さを知ることができます。実際に私たちが調査した地域のチャートの堆積スピードは1000年に3～4 mmだということがわかっています。

このようなとても遅い堆積速度を持つ地層が，陸の縁辺で堆積するこ

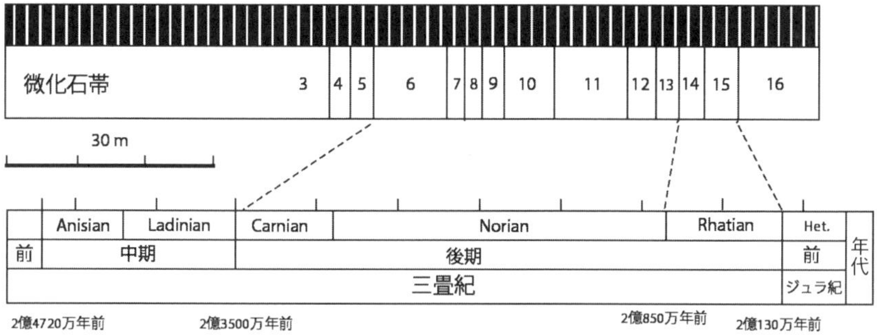

図2-4　チャートと化石分帯

とはありません。チャートは粗い粒を全く含まず，プランクトンの殻だけからできていること，そして遅い堆積速度をもつことから，陸から十分離れた海洋の中央部で堆積した地層，すなわ遠洋深海層であることが初めて明らかにされました。一方，その上に堆積した砂岩や泥岩は，深海チャートをのせた海洋プレートが移動して，大陸の縁まで到着したときに，海溝で堆積した地層であることがわかりました。こうして，付加体の地層が，元々どのような場所で堆積したのかがわかりました。

現在では，西南日本（フォッサマグナ以西の太平洋側の南海トラフから日本海に至るまでの非常に広い地域）の断面図が得られています（**図2-5**）。その方法は，西南日本の沖合の海溝である南海トラフから大陸側斜面にかけて，移動する船から強い音波を海底に向けて発射することです。強力な音波は海底面だけでなく，地下にまで届き，物質の境界で反射して船に戻ってきます。その反射波を連続的に解析して西南日本の断面図がつくられています。さらに地震の震源分布やトモグラフィーによって，もっと深いところの沈み込んだ海洋プレートの形まで復元することができます。

西南日本では，沈み込むフィリピン海プレートの上の面に海洋地殻や深海堆積物があります。ここにはデコルマ（decollement）と呼ばれる重要な断層があります。デコルマ断層はプレート境界断層にあたります。デコルマは，海溝のすぐ内側では沈み込むプレートの堆積物の上にありますが，より深いところでは，だんだんと海洋地殻の内部に入り込んでゆきます。そして地下50 kmくらいでは，一部マントルにまで達しています（デコルマは実際には複数の断層からなることに注意してください）。このデコルマの活動で，沈み込むプレートから海洋プレート物質がはぎとられ，大陸側のプレートの先端にしばしば付加するという現象が起きるのです。

5. 付加体タイプのまとめ

日本列島の陸上部のこれまでの研究で，付加体には四つのタイプがあることがわかっています（**図2-5**）。

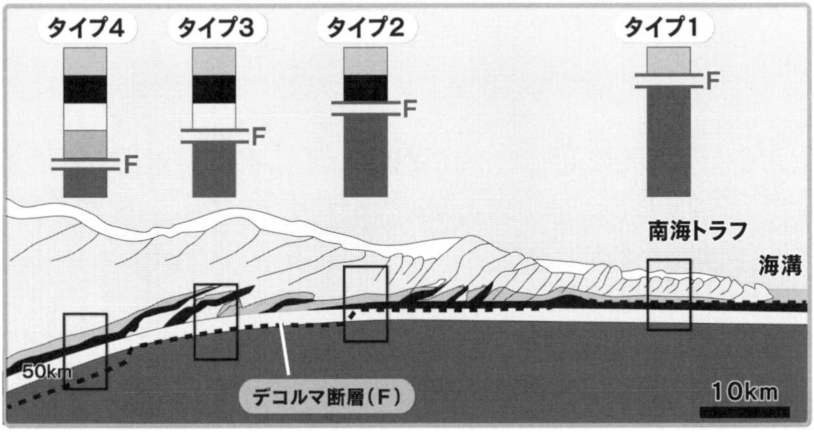

付加体タイプ	構成岩石	例	変形作用
タイプ 1	砂岩＋泥岩	南海トラフ	弱
タイプ 2	チャート＋砂岩＋泥岩	犬山	強
タイプ 3	海洋地殻上部＋チャート＋ 砂岩＋泥岩	四万十須崎	強
タイプ 4	海洋地殻下部＋マントル＋ 海洋地殻上部＋チャート＋砂岩＋泥岩	三波川	複数回 で強烈

図2-5　付加体タイプのまとめ

タイプ1は，主に海溝にたまった砂岩や泥岩だけが付加したものです。現在，南海トラフで形成されている付加体や，四国・九州の四万十帯をつくっている陸上の付加体のほとんどはこのタイプです。

タイプ2は，愛知県犬山市の付加体にあたります。砂岩・泥岩だけではなく，深海チャートまで付加したものです。

タイプ3は，さらに海洋地殻の上部，すなわち中央海嶺の玄武岩までが付加したもので，高知県須崎市の付加体がこのタイプです。そして，大陸のモホ面がある35 kmよりも深く，上に島弧マントルがあるような場所でも付加が起きます。

そして，沈み込んだプレートのマントルや下部地殻まで付加したものがタイプ4の付加体です。タイプ2，3，4の付加体が付加したときには地震を伴ったと考えられます。

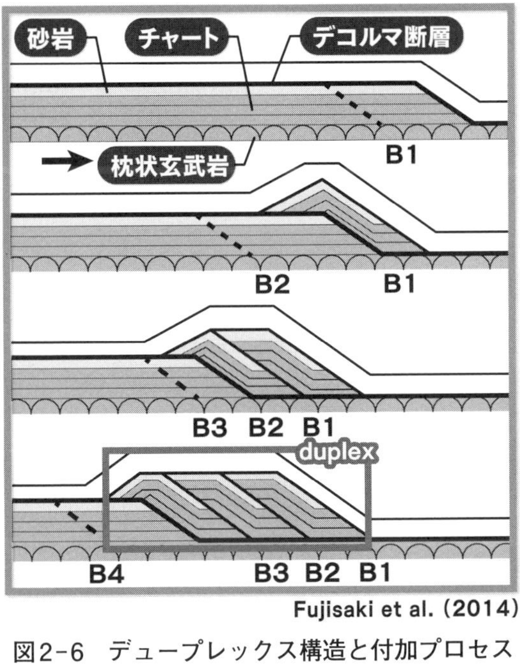

図2-6　デュープレックス構造と付加プロセス

6. 地質構造からプロセスを復元

図2-6は，海洋プレートが沈み込む時に，どのようなことが起きるかを模式的に書いた図です。プレートは左側から右側へ動いていると考えてください。太い黒線の右側の部分が大陸プレートを意味していますが，そこに向かって海洋プレートがほぼ水平運動をして次々に押し込まれてきます。すると，あるところ（破線の部分）で断層ができて，その部分の地層が破壊されます。それによって，陸側プレートの下に切り取られた地層のセットが取り込まれ，それと同時に，プレート境界断層の場所が海側へ移ります。時間がたつと，再び断層が海側へ移り，次のセットが付け加わります。このプロセスが次々と起こっていくと一番下の図のようになります。このようなドミノを倒したよう構造をデュープレックス（duplex）と呼びます。デュープレックス構造を確認することによって，プレートの付加プロセスを理解することができるのです。

7. 付加体地質学

過去にもプレートは盛んに運動していましたが，その証拠を得ることは簡単ではありません。現在の海洋プレートで，最も古いプレート部分の年代はたかだか2億年前（ジュラ紀初め）のものに過ぎません。それ以前の海洋プレートは沈み込んで地表からすっかり姿を消しているのです。そのため，過去のプレートの動きはこれまで皆目わからないと思われていました。しかし，ここまで見てきたように，陸上に露出した過去の付加体の記録を利用することによって，すでに消えてしまったプレートの動きを復元・解読することができるようになります。

復元された海洋プレート層序からは，海洋プレートの誕生年代や付加年代，プレートの移動履歴や，沈み込んだプレート，これらの付加年代，そして，プレートがどちらに向かって沈み込んだのかという沈み込み極性などを導くことができます。このように，過去のプレート沈み込みによってつくられた地質体（＝付加体）の構成物質と形成プロセスを明らかにする学問のことを「付加体地質学」と呼びます。

付加された海洋プレート物質はいろいろな情報を記録しています。たとえば，海洋プレート層序の最下部を構成する中央海嶺玄武岩があれば，その岩石が形成されたときのマントルの化学組成や温度を復元できます。あるいは，プレートが海嶺から海溝に移動してくる間にホットスポット火山ができることがあります。今のハワイがその例です。そのようなホットスポット火山の破片が付加体の中に取り込まれていれば，やはり当時のマントルの状態や表層環境を復元することが可能になります。また，深海チャートの記録を別の方法で調べると，過去の地球磁場の強度や方位の復元も可能となります。

さらに，深海チャートは堆積速度が非常に遅いので，宇宙から降ってくる微量な物質をチェックすることができます。過去に太陽系が衝突した暗黒星雲物質や，小惑星帯に起源をもつ大小さまざまな隕石や彗星などが地球に衝突した物質的証拠が，高い濃度で深海チャート中に記録される可能性があります。OPSに含まれる宇宙起源の物質を同定し，同位体組成や年代を調べることによって，宇宙の変動の歴史を解読することも可能となるのです。

8. プレートテクトニクス理論の構造

最後に，地球の理解という大きな体系の中で，付加体地質学がどういう位置を占めるかという話をして締めくくります。

プレートの運動は，すべて球面上の回転運動です。従って，回転の中心の位置と，回転の角速度をすべてのプレートについて与えると，地球上の任意の一点の運動が自動的に決まります。つまり東西南北の運動方位とスピードが決まります。これがプレートテクトニクスの理論の本質です。プレートテクトニクスに支配されて，三つの境界ではいろいろな地質学的な現象が起き，その各々についての多数の学問領域が中核理論であるプレートテクトニクス理論を取り囲んでいます。たとえば，マグマの成因論，マントル対流，大陸の離合集散，地震学などがプレートテクトニクス理論を取り囲む学問領域としてあげられます。科学哲学者のラカトシュ（Lakatos Imre：1922-1974）は，これらを「防御帯の小理論」と呼びました。

プレートテクトニクス理論を含めて現在の地球の理解においては，プレートテクトニクスの原理が中核を占めます。これら周辺の各々の領域の一つには，プレート境界域についての理論があります。付加体地質学はプレート収束境界における理論なので，その学問領域の中に含まれる小理論ということになります。そして，地震学や，プレート運動の原動力，大陸の離合集散，岩石流動とマントル対流，マグマ成因論といった，数々の小理論がプレートテクトニクスを取り囲むように存在します。この中には，現在まだ論争中であったり，あるいは未解決の部分が多く残っています。たとえば，日本の研究者が世界をリードしてきた島弧マグマの成因論についても，将来全く違ったものになるかもしれません。他の小理論もそういう不確かさを持っています。しかし，それら個々の小理論自体が完全に否定されたとしても，中核のプレートテクトニクス自体の正当性が揺らぐことはありません。このような堅牢な構造をもつことが最大の特徴です。

一見複雑ですが，中核理論と周辺理論との間につねに一方向性の支配構造を持つプレートテクトニクスの学問体系は，電磁気学や熱力学が構築する物理学の理論とは異質だといえます。電磁気学のような理論構造では，いくつかの基礎方程式が理論を支えており，その方程式の展開によってすべての現象を統一的に説明するという構造になっているからです。

今回説明した付加体地質学は，プレートテクトニクス理論全体の中の一つの小理論にすぎませんが，実はこれが地球史解読において，他の小理論を凌駕する非常に強力なものである点を強調しておきます。なぜなら，2億年前以前の地球史解読は，付加体地質学の知識と技術によってのみ可能となるからなのです。

引用文献

Isozaki, Y., Maruyama, S., Furuoka, F., 1990. Accreted oceanic materials in Japan. Tectonophysics 181, 179-205.
Kimura, K., Hori, R., 1993. Offscraping accretion of Jurassic chert clastic complexes in the Mino-Tamba belt, Central Japan. Journal of Structural Geology 15, 145-161.
Matsuda, T., Isozaki, Y., 1991. Well-documented travel history of Mesozoic pelagic chert in Japan-From remote ocean to subduction zone. Tectonics 10, 475-499.
Okamura, M., Uto, H., 1982. Notes on stratigraphic distributions of radiolarians from the Lower Cretaceous sequence of chert in the Yokonami Melange of Shimanto Belt, Kochi Prefecture, Shikoku.Research Reports of Kochi University 31, 87-94.
Saito, T., Okada, Y., Fujisaki, W., Sawaki, Y., Sakata, S., Dohm, J., Maruyama, S., Hirata, T., 2014. Accreted Kula plate fragment at 94 Ma in the Yokonami-melange, Shimanto-belt, Shikoku, Japan.Tectonophysics 623, 136-146.
Zonenshain, L., Kononov, M., Savostin, L., 1987. Pacific and Kula/Eurasia relative motions during the last 130 Ma and their bearing on orogenesis in northeast Asia.Geodynamics Series 18, 29-47.
丸山茂徳，1993. 46億年地球は何をしてきたか？　岩波書店.
平朝彦，田代正之，岡村真，甲藤次郎，1980. 高知県四万十帯の地質と期限，In：平朝彦，甲藤次郎（Eds.），四万十帯の地質学と古生物学．林野弘済会高知支部，pp.319-389.

研究課題

1．付加体の野外の産状から，どのように海洋プレート層序（OPS）を復元したのか，そのプロセスを整理しましょう。
2．付加体のタイプについて理解しましょう。
3．デュープレックス構造の成因について理解しましょう。
4．付加体地質学から得られる情報について整理しましょう。
5．プレートテクトニクス理論と，それを取りまく小理論との関係性について考えてみましょう。

3 地球史研究の方法

丸山茂徳

はじめに
海洋地域のプレートには2億年より前の記録が残っていません。従って，2億年以前のプレートテクトニクスを議論するには，陸上に残された記録から推定するしかありません。そのために使われる最も重要でパワフルな手法が付加体地質学です。付加体地質学の手法については，すでに第2章でくわしく解説しましたので，本章では，その手法を使って大陸の歴史，そして，生命の歴史を読み解く方法について解説します。具体的には，横軸46億年研究と特異点研究という二つの研究です。
《キーワード》 横軸46億年研究，特異点研究，世界最古の付加体，プレートテクトニクスの開始

1. プレートテクトニクスはいつ始まったのか？

プレートテクトニクスは，この地球上でいつから機能し始めたのでしょうか。これに対する解答として，1）2億年前から，2）6億年前から，3）25億年前から，4）40億年前から，5）44億年前から，と実にいろいろな説があります。それぞれの説に対する根拠は非常に多様ですが，しかし説明が論理的ではありません。この問題を解くために非常に強い力を発揮するのが付加体地質学です。

では付加体地質学を使って，世界最古の地質体を取り上げて，この問題を解きましょう。**図3-1**は地球の地質図です。陸上の地質のみならず，海の底にどういう地質体があるかということは既に明らかになっています。この図からも明らかですが，太平洋，大西洋，インド洋のそれぞれの年代は実は非常に若いということが言えます。最も古い海洋プレートは，日本の南にあり，その年代は約2億年前です。それに比べて，

北米，南米などの大陸の年代は非常に古いことがわかります。中でも北アメリカ大陸には，25億年前から40億年前の年代を示す世界最大の太古代の地質体があり，さらに世界で最も古い地質体が38億年前のグリーンランド・イスア地域（**図3-2**）に報告されています。

私たちは，1990年頃からイスア地域の調査を始めました。この地域には10 km²を超える太古代前期の地質体があります。私たちの調査以前には，変成岩を原岩の種類によって記載することはありませんでしたが，我々の調査では，イスア地域で角閃岩相（500℃-700℃）の変成作用を被っている岩石の原岩を同定しました。イスア

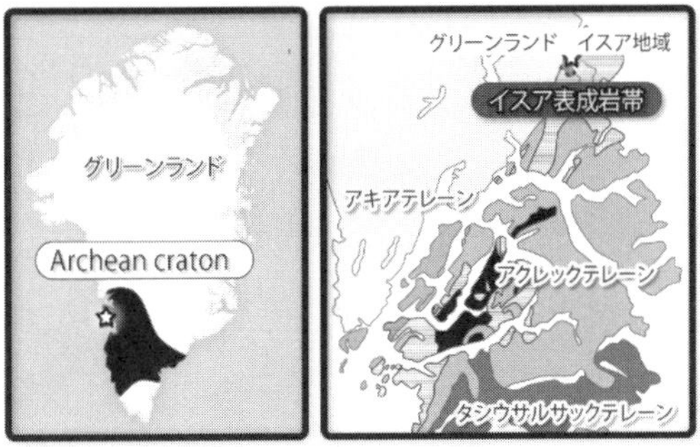

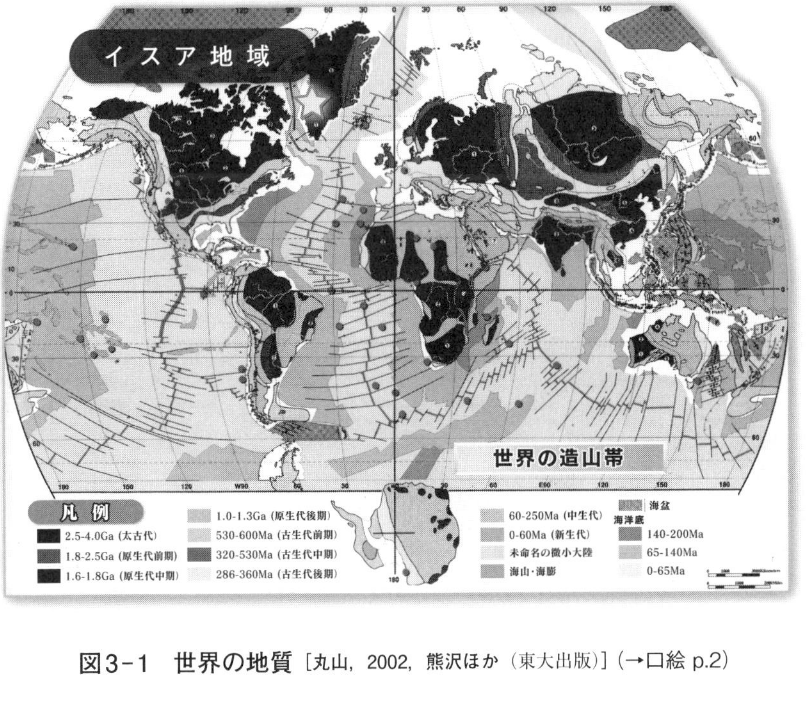

図3-1　世界の地質［丸山，2002，熊沢ほか（東大出版）］（→口絵 p.2）

地域では，最下層に枕状溶岩や溶岩流，その上位にチャートという深海堆積物があり，さらにその上位に砂岩や泥岩，そして時々礫岩を挟むような地質体が堆積しています。そして，それらは海洋プレート層序（OPS）を持ち，ワンセットになって層序学的下位から上位まで一つの地質体のユニットを構成しています（**図3-2**）。最も最下位から数えると**図3-2**で定義される，1番から8番までの小地質体（付加体のパイル）があること

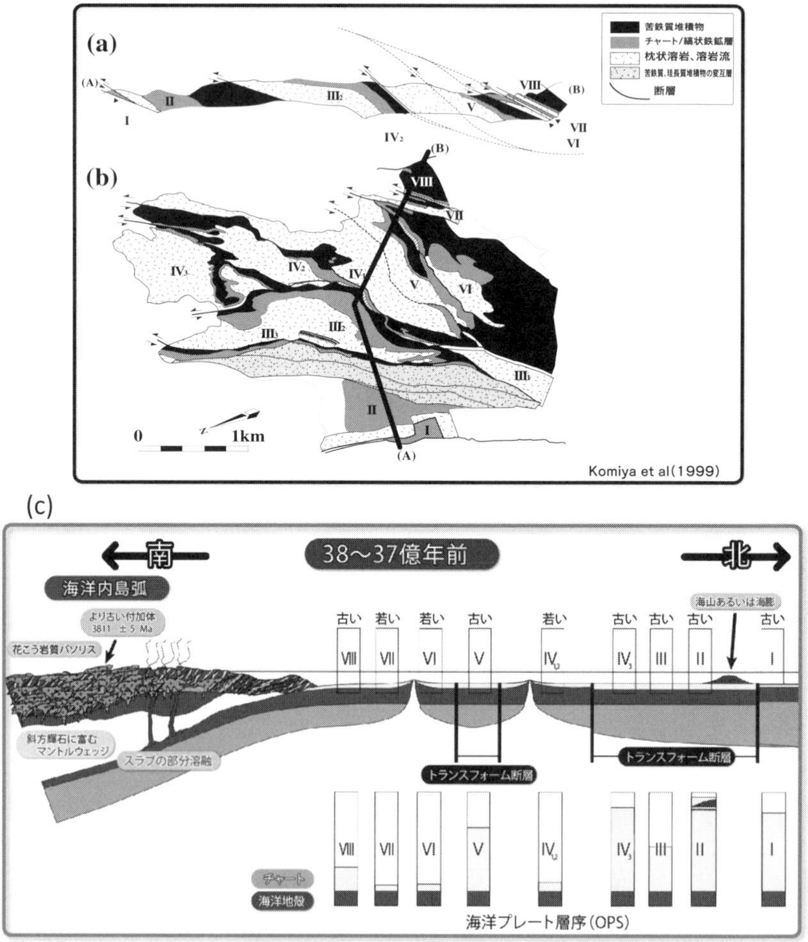

図3-2　38億年前のイスア付加体の地質図(a)，(b)と復元された海洋プレート層序（OPS）に基づく付加体形成過程(c)〈図中の付加体の番号は地図上の番号に対応〉

がわかりました。これらの小地質帯を区分する断層は，図の右側（南側）に向かって収束的構造を示します**図3-2**(b)。このようなデュープレックス構造がどのようにしてつくられたのかというのがその次の重要な問題になります。

2. 付加体地質図から 38億年前の海洋プレートを復元する

図3-2(b)はこの地域の地質図ですが，海洋プレート層序をもつ小地質体が複雑な形状で分布しているのがわかります。詳細に眺めると，層理面と平行な断層によって仕切られたそれぞれの地質体が右側（北側）に向かって収束しています。このようなデュープレックス構造をつくるには，北側から南側に向かってこの地質体が下に貼りついていくというプロセスが必要です。**図3-2**(a)は，A-Bの断面図を模式的に示したものです。海洋地殻，チャート，その上位に海溝から来たときに陸から流れてくる泥と砂が順番に堆積して，それらが海洋プレート層序と呼ばれるワンセットの地質体をつくっています。沈み込み帯下部に運ばれて積み重なり，一連の付加体を形成します。このような地質体がくり返し8回付加した結果，このようなデュープレックス構造をつくりました。

図3-2(c)は，(a)，(b)に基づき復元されたイスア地域の形成プロセスです。プレートが沈み込み帯に到達すると，8番の地質体から順に大陸側に付加され最後に1番の地質体が最下位に付加します。それぞれのOPSのチャート層を比較すると厚さが急激に変わる箇所があります。付加体Vの両側，IV_2とIV_3の間です。浅海堆積物の厚さ（海洋プレートの厚さ）が急激に変化する場合，付加した海洋プレートの間に大きな断層，つまりトランスフォーム断層があったということが読み取れます。さらにチャートの中に，現在でいえばハワイ島のようなホットスポットの火山岩が挟まれていることから，海洋プレートの移動の途中で火山活動があったということがわかります。さらに，図左側の火山フロントの深部に花こう岩を描いてありますが，この花こう岩の貫入時刻は，付加体が

成長するとともに次第に海側に向かって若くなります。イスア地域の花こう岩の年代が38億1100万年でしたから，イスア地域の付加体ができたのは38億年より古いことになります。つまり，38億年前にはすでに付加体を形成するようなプレート運動が機能していたということが言えます。

イスア地域には，38億年前の枕状溶岩の露頭がありますが，枕状溶岩が存在するということは，つまり，水の中で溶岩が噴出したことを意味します。つまり，38億年前にすでに地球は海洋で覆われていたということがわかります（Komiya et al, 1999, Komiya and Maruyama, 1999）。

3. 沈み込み帯の地温勾配：大陸地殻の形成プロセスがわかる

イスア地域の付加体は，広域変成作用を受けています。その広域変成

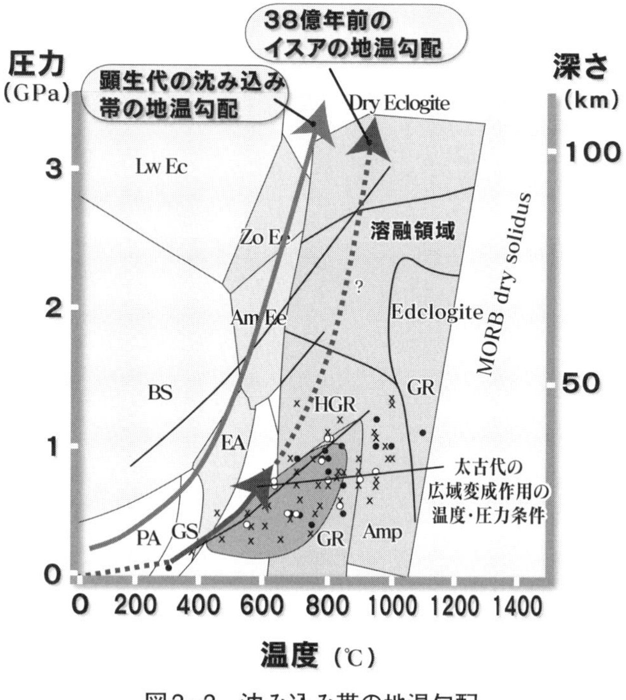

図3-3　沈み込み帯の地温勾配

作用は，プレートが沈み込むときのプレート上面の温度の変化を残しているという特徴を持っていますから，この特徴を逆に生かして，当時の固体地球内部の温度分布がどうなっていたのかということを明らかにすることができます。

図3-3は，38億年前のイスア地域の地温勾配を描いたものです。縦軸は圧力を示し，1GPaは30 km深度（モホ面）の圧力に相当します。38億年前のイスアの地温勾配と比較するために，現在の東北日本の沈み込むプレート上面の温度が左側の矢印の太い曲線で書いてあります。この図から，深さ30 kmのモホ面の温度が昔は約600 ℃であったのに対して，現在は約400 ℃であり，約200 ℃も下がっていることがわかります。

一方で，大陸地殻の形成プロセスを読み解くことが可能です。プレート沈み込み帯では，例えば，日本の富士山のように火山が噴火し，火山からもたらされるマグマによって大陸地殻を少しずつ増やしています。このような大陸地殻がどのようにしてできたのかということは，花こう岩の化学組成を分析するとわかります。大陸地殻をつくるマグマの起源については二説があります。沈み込むスラブの表層の玄武岩が溶融してできる場合と，スラブが脱水して島弧マントルの部分溶融でできる場合の二つです。**図3-4**は，花こう岩の化学組成を示した図です。横軸は，イッテルビウムの濃度をppmで示し，縦軸はランタンとイッテルビウムの比を示しています。これらの関係から，花こう岩質マグマが生成される際，玄武岩質な組成を持つ岩石がどれぐらいの深さにあったかということを求めることができます。現在の分析技術だと，長石の一点をレーザーで照射してこの比あるいは濃度を決めることができます。そのような分析によると，エクロジャイトのような高温高圧下でつくられる変成岩の部分溶融でできるマグマの組成はaの曲線に近くなります。部分溶融する深度が浅くなるほど変成岩中のザクロ石が少なくなり，30 km以浅ではすべて角閃石と斜長石になります。ザクロ石を含まない角閃岩の場合はイッテルビウムが最も多く，La/Yb＜20以下のd曲線線上の組成をもち，その中間がザクロ石の量の違いに応じてb，c曲線の上に乗るということが実験と計算から求められています。イスアの花

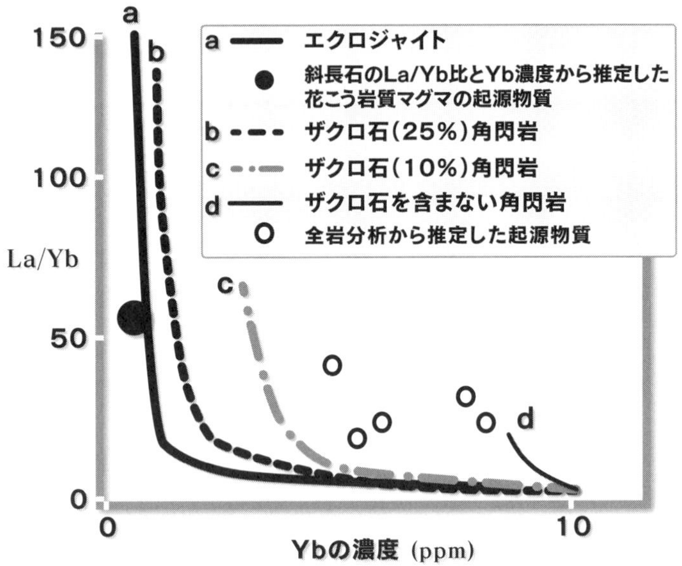

図3-4　花こう岩の化学組成

こう岩について分析したところ，結果は，aの曲線上の点のようになり，スラブの部分溶融でできたことを示しています。ただし，角閃岩が変成作用を強く受けた岩石の全岩組成は図の白丸を示します。これが，変成作用の影響によるものです。

イスア地域の花こう岩質大陸地殻は，広域変成作用を被っています。それらの変成条件の温度と圧力は，**図3-3**に示した低圧高温型の条件を示します（図中の白丸，黒丸，×印）。

4. ピルバラ付加体

イスア地域の付加体は，300～700℃，4～10 Kbの広域変成作用を受けて完全に再結晶しているために，海洋地殻が生まれた時の中央海嶺変成作用の性質，海水の組成を残す流体包有物，さらに微化石に関する情報が失われています。そこで，次に当時の表層環境の特徴を残した例としてピルバラ付加体を紹介しましょう。

ピルバラは，西オーストラリアの北部にある地域です（**図3-5**）。この地域の地質調査によって，イスア地域と同じように海洋プレート物質，枕状溶岩流，深海堆積物という一連の地層があり，その年代は約35億年前であることがわかっています。**図3-5**はピルバラ地域の中の一部を描いた地質図で，北から南に向かって大きく三つの地質体に分けられます。図中の実線は断層を意味しています。変形の形から，この構造を作るためには，図の下の断面図に示すように，I－10の付加体の下側にI－11の付加プリズムが右から左に向かって沈み込むという運動があったことがわかります。同様にI－12，I－13の付加プリズムが次々と下位に沈み込み付加されるというプロセスで，ピルバラの一連の付加体ができたということがわかります。

ピルバラ地域の付加体は，付加する際の広域変成作用をほとんど受けていません。従って，当時の中央海嶺で循環していた熱水変質作用によってできた鉱物の種類と量を調べることができ，それらによって，当時の熱水プルーム

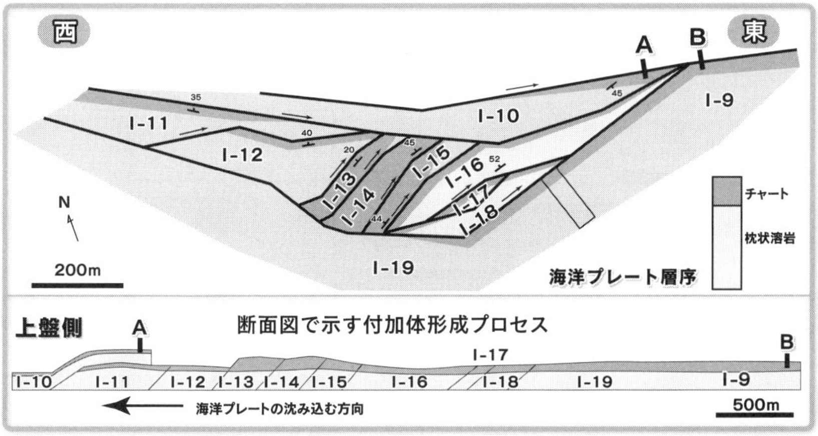

Ueno, Y.(1998)

図3-5　ピルバラ付加体の地質図と形成プロセス

は非常に多くのCO_2（2－3桁程度も多い）が含まれていたことや，当時の鉄は酸素濃度が低かったために二価鉄の状態であったことなどがわかっています。

5. ピルバラ付加体の研究からわかったこと

ピルバラ地域の研究によって，中央海嶺熱水系微生物が熱水性石英の中に見つかりました。35億年前の中央海嶺熱水系微生物化石の炭素同位体のスポット分析の結果を現世生物の炭素同位体と比較したのが**図3-6**です。

炭素の同位体には^{12}C，^{13}C，^{14}Cがあります。**図3-6**下を見ると明らかなように，シアノバクテリアなど，種類の異なる生物で利用している炭素同位体の組成が異なることがわかります。35億年前の中央海嶺熱

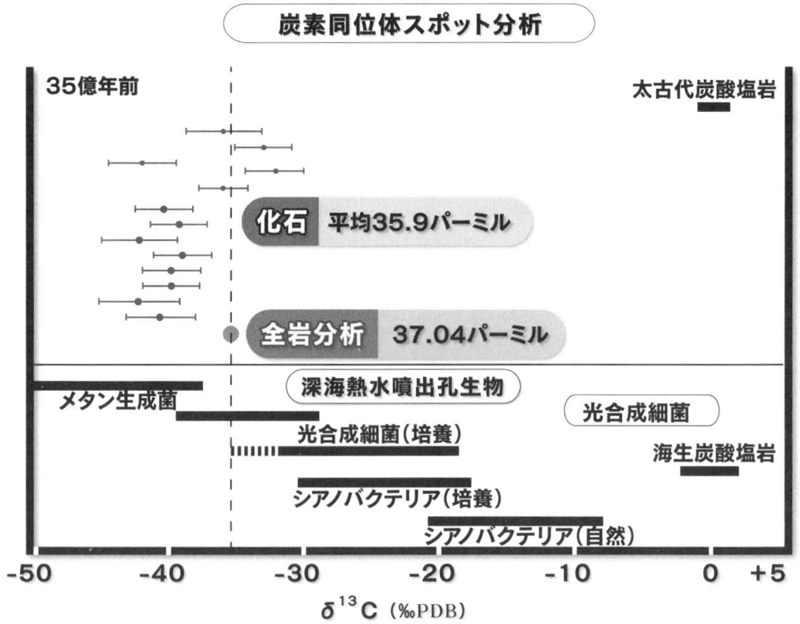

Ueno（2003）を元に丸山が作成

図3-6　炭素同位体のスポット分析と現生生物の炭素同位体の比較

水系微生物の炭素同位体を全部で13点測定したところ，メタン生成菌に近い数値になりました。もちろん，メタン生成菌は現在の地球の生物ですから，35億年前の中央海嶺熱水系微生物とは異なりますが，代謝としてはメタン菌と非常に似た炭素固定反応を行っていた生物がいた証拠になります。

さらに，想像しにくいと思いますが，熱水が通ったあとにできた石英脈の中に35億年前の海水が閉じ込められて残っていることがあります。そして，その流体の中にガスが残っていることがあります。現在では，分析装置の発達によってそれらの化学組成を調べることが可能です。その結果，当時の海水にメタンやCO_2やNaClがあったことがわかり，さらにそれらの量比を調べることによって海水の化学組成がわかります。

以上二つの付加体の例を紹介しました。付加体の研究は表層環境の復元だけでなく，生命の記録や中央海嶺熱水循環のプロセスやマントルの温度や組成，さらにプレートの厚さなど，様々なことを明らかにすることが可能です。

6. 横軸46億年研究

横軸46億年研究とは，地球史46億年を通した変化を読み解く研究です。具体的には，たとえば酸素濃度という要素を縦軸にとり，そして，酸素濃度を読み解く試料を1億年間隔で46個採集し，それらを分析することによって，どの時代にどれぐらいの酸素濃度であったかを調べます。そうすると，46億年を通じた酸素濃度の変化を大ざっぱに読み取ることができます。このような横軸46億年研究の縦軸はいろいろありますが，私たちは現在までに103個の縦軸の研究をしてきました。その中でも重要な「陸地面積の横軸46億年研究」について少し詳しく解説しましょう。

陸地は，生物に必要な栄養塩の供給母体です。生物の体を構成するためには，リンやカリウムといった，岩石にのみ含まれる元素を得ることが必要です。つまり，陸地が大きければ大きいほど供給量が多いという

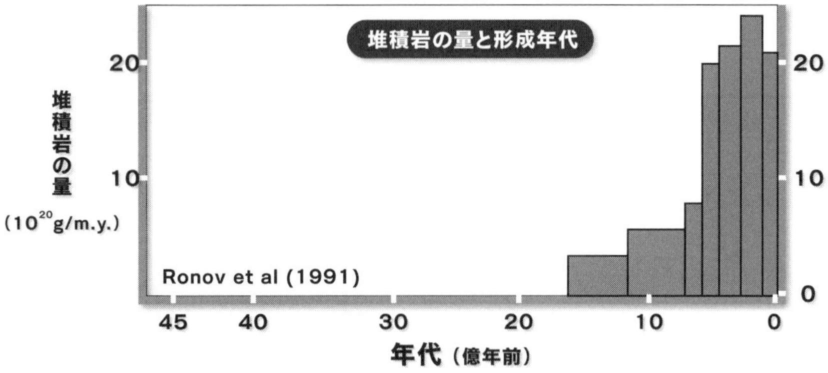

図3-7　堆積岩ができた時代と量の変化

ことです。従って，陸地面積は，実は生物の体重すべてを足したもの（バイオマス）を支配しているということが言えます。陸地面積の増減を調べるために，堆積岩ができた時代と量の変化について解説します。**図3-7**にRonovさんたちがコンパイルした堆積岩の量と形成年代が示されています。これは地球の地質図から計算され得られた図です。それによると6億年前以降に大量に堆積岩ができています。そして18億年よりも前は堆積岩がほとんどない時代ということになります。一方，我々の研究グループは世界の地質を対象に，川砂ジルコンを使ってもう少し細かく調査をしました（Rino et al, 2014）。その結果，基本的にはRonovさんたちと同様の結果を得ました。

一方で，陸地面積の増減を議論する際に炭酸塩岩のSr同位体比の横軸46億年研究も非常に重要な手法となります。Sr同位体比の原理を**図3-8**を使って説明します。海水組成のSr同位体比は，A）中央海嶺の熱水循環場で得られるSr同位体比（低い）と，B）大陸地殻が削剥されて海水の中に運ばれるSr同位体比（高い）によって決まります。AとBそれぞれの同位体比は決まっているので，ある与えられた時代の海水組成のSr同位体比はAとBの直線の間に入ります。液体の海水から沈殿してできたのが炭酸塩岩なので，そのSr同位体比を，地球史を通して測定したものが，**図3-8**です。これまでに，多数の研究者たちの分

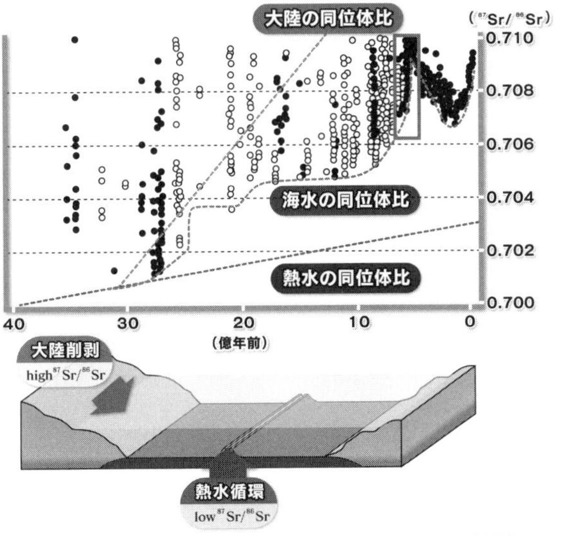

図3-8　ストロンチウム同位体比の経年変化

析によって導き出された結果が**図3-8**の白点と黒点です。得られた白点，黒点のうち，最も低い値だけが意味を持ちます。これは，この比がのちの変成作用で高い値に変わってしまうためです。そこでこの一番下の点をなぞったのが，左下から右上へゆるく上昇する破線です。この図から，Sr同位体比の最も大きな変化は6億年くらい前に起きたことを読み取ることができます。さらに21億年前と26億年前にもやや大きな変化があったということがわかります。このようなSr同位体比の変化は，大局的に過去の大陸の陸地面積を反映していると言うことができます。Sr同位体比の急変点は，**図3-7**で示した陸地面積の増加時期と一致しています。

7. 同起するのはなぜか

このように横軸46億年研究をいくつもの要素について調べていくと，それぞれの要素は一見関係がなさそうに見えますが，実はある時期に同起することがわかってきます。

我々は，横軸46億年研究の縦軸として，例えば酸素濃度，陸地面積といった103個におよぶ要素の研究をしてきましたが，それらのいくつかを組み合わせると，地球で起きた最も本質的で重要なメカニズムを理解することができます。そのうちの一つが酸素を増やすメカニズムです。

シアノバクテリア，藻類，植物は大気のCO_2と水を使って太陽エネルギーの力を借りて有機物をつくり，同時に遊離酸素をつくります。しかし，たとえば冬になって植物が枯れてしまうと，枯れた植物と大気中の酸素が反応して有機物は二酸化炭素と水に変化し，大気に戻ります。つまり，せっかく生産した酸素を消費してしまうため大気中の酸素は増えません。大気中の酸素濃度をあげるためには，有機物と大気の酸素が反応しないようにすることが重要です。つまり，植物の死骸が堆積物の中にうずもれてしまえば，有機物は大気中の酸素と反応しなくなります。そして，その状態が連続することによって，生産された酸素濃度を維持し，さらに酸素濃度をあげることができるのです。これが酸素ポンプの原理です。地球では，陸地面積が増加したことによって，この酸素ポンプが効果的に働くようになったと言えます。

地球の歴史を通じて酸素ポンプがどう変化したかということを描いたのが**図3-9**です。古い時代は陸地がないため，酸素ポンプは非常に小規模で酸素濃度は現在の酵素濃度の1000分の1以下です。現在は1PAL，約20％の酸素濃度を持っています。大きな陸地があって，大きな酸素ポンプを活用して酸素濃度を高いまま維持するシステムがあるということです。その途中の時代はその中間です。

酸素濃度の増加と同時に生物のサイズにも大きな変化が現れました。

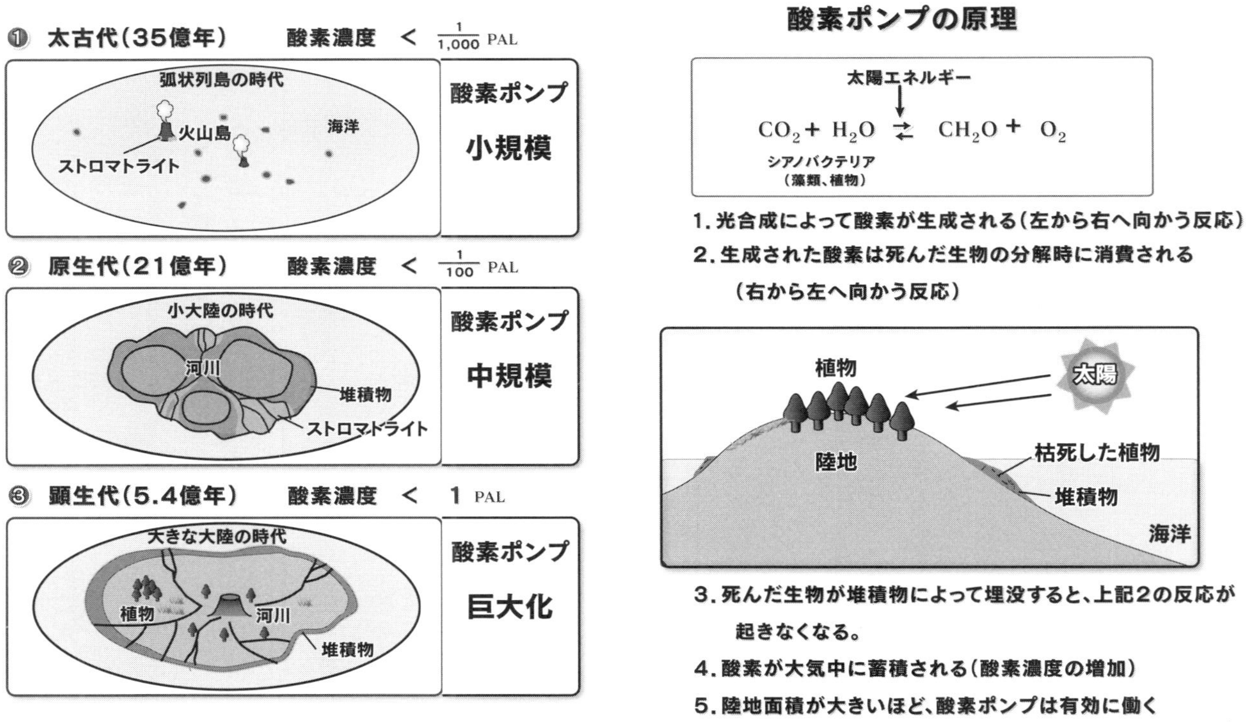

図3-9　酸素ポンプの原理

酸素の濃度変化を支配したのは陸地面積の変化である（左図）。陸地が大きいほど酸素ポンプが効率よく機能する。その原理は右図で解説してある。

8. 特異点研究

横軸46億年研究は，地球史を通したおおざっぱな経年変化を知るための研究手法です。しかし1億年間隔で採取した試料のデータをもとに変化を解読することができても，例えばカンブリア紀の生命の大爆発が起きた約6億年前の約1億年の間に起きた極端な変化のメカニズムを理解することは無理です。そこで特異点研究という手法が重要になります。

我々の進めた特異点研究の一部の紹介として，南中国における陸上掘削について解説します。南中国地域は，8－5億年前頃の連続的な地層が保存されていて途中の欠損がほとんどありません。しかも変質，変成作用をほとんど受けておらず，豊富な化石があるということも重要です。さらに浅海から水深1000 m程度の場所までの地層が同時に残されています。こういう地域は地球上でも稀で南中国は最高の研究場であることがこれまでの地質調査から結論づけられました。そこで我々は，合計21本の陸上掘削をしました。採取したコア試料を1cm間隔で，場合によっては1 mm間隔で様々な種類の元素の分析をしました。具体的にはC，O，N，P，Ca，Fe，Mn，Sr，Mo，レアアース元素などですが，元素の濃度だけでなく同位体も分析しました。掘削試料の1 mm厚さというのは時間にして1000年くらいという時間の長さになりますので，6億年前の時代の環境を1000年間隔で把握することが可能であるということになります。

そのようにして得られた結果が**図3-10**です（Ishikawa et al, 2008；2014, Komiya et al, 2008, Sawaki et al, 2010；2014）。横軸46億年研究では読み取ることができなかった短期間における環境変動を高い精度で得ることができます。それによって，6.4億年前（イベント1），5.8億年前（イベント2），5.5億年前（イベント3），5.4億年前（イベント4），5億年前（イベント5）に大きな環境変化があったことが読み取れます。6.4億年前には，全球凍結が終わり，始めての後生動物である海綿が出現したことがわかっています。これは，大きな陸地が現れてリンやカルシウムが供給されるようになった時期に対応し，後生動物が非常にうまくリン酸塩を使えるようになったことを意味しています。5.8億年前頃になると，エディアカラ生物群が出現しました。海水準が低下したため，広大な陸地が出現し，さらに大量のリンやカルシウムが供給された時代です。5.5億年前頃には，硬骨格生物が初めて出現しました。リンやカルシウムの殻をもつ動物が誕生した背景には酸素濃度の増加がありました。5.4億年前には，今日の動物の祖先が出現しました。

カンブリア紀の生物の出現イベントで重要なことは，海が閉鎖されたということです。つまり，現在の地中海のような状態が生まれたのです。そういう場で，リンやカルシウムなどに富む豊富な栄養塩が連続的に供給される環境の下で後生動物が圧倒的に進化しました。そして，進化しはじめた動物同士の間の闘争が始まりました。5.5億年前にはとうとうカンブリア紀の生物の爆発的進化が起こり，すべての動物の門が出現し，さらに大型化しました。

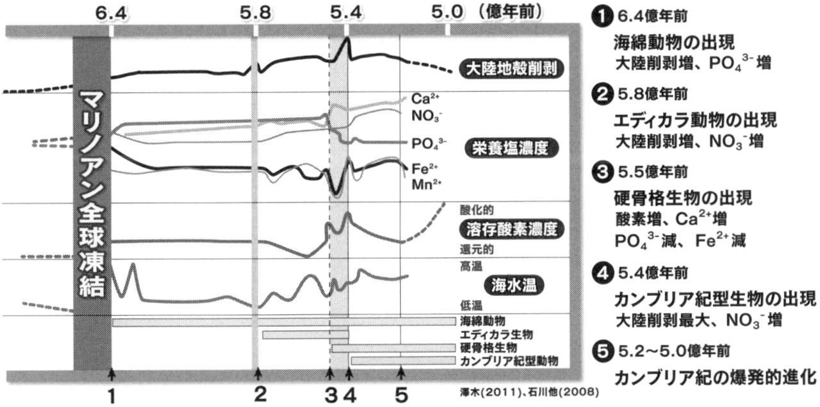

図3-10　カンブリア紀の生物の爆発的進化のシナリオ

引用文献

丸山茂徳，地球史概説，2002．全地球史解読．東大出版会．p18-54

Ishikawa, T., Ueno, Y., Shu, D., Li, Y., Han, J., Guo, J., Yoshida, N., Maruyama, S., Komiya, T., 2014. The δ 13C excursions spanning the Cambrian explosion to the Canglangpuian mass extinction in the Three Gorges area, South China.Gondwana Res.25, 1045-1056.

Ishikawa, T., Ueno, Y., Komiya, T., Sawaki, Y., Han, J., Shu, D.G., Li, Y., Maruyama, S., Yoshida, N., 2008. Carbon isotope chemostratigraphy of a Precambrian/Cambrian boundary section in the Three Gorge area, South China：Prominent global-scale isotope excursions just before the Cambrian Explosion.Gondwana Res.14, 193-208.

Komiya, T., Maruyama, S., Masuda, T., Nohda, S., Hayashi, M., Okamoto, K., 1999. Plate tectonics at 3.8-3.7 Ga：Field evidence from the Isua Accretionary Complex, southern West Greenland.Journal of Geology 107, 515-554.

Komiya, T., Maruyama, S., 1999. The secular variation of the composition and temperature of MORB-source mantle.Ph.D.Thesis.Tokyo Institute of Technology, Tokyo.

Komiya, T., Hirata, T., Kitajima, K., Yamamoto, S., Shibuya, T., Sawaki, Y., Ishikawa, T., Shu, D., Li, Y., Han, J., 2008. Evolution of the composition of seawater through geologic time, and its influence on the evolution of life. Gondwana Res.14, 159-174.

Rino, S., Komiya, T., Windley, B.F., Katayama, I., Motoki, A., Hirata, T., 2004.Major episodic increases of continental crustal growth determined from zircon ages of river sands；implications for mantle overturns in the Early Precambrian.Physics of the Earth and Planetary Interiors 146, 369-394.

Ronov, A.B., Yaroshevsky, A.A., Migdisov, A.A., 1991. Chemical constitution of the Earth's crust and geochemical balance of the major elements（Part I）.International Geology Review 33, 941-1097.

Sawaki, Y., Tahata, M., Ohno, T., Komiya, T., Hirata, T., Maruyama, S., Han, J., Shu, D., 2014. The anomalous Ca cycle in the Ediacaran ocean：Evidence from Ca isotopes preserved in carbonates in the Three Gorges area, South China.Gondwana Res.25, 1070-1089.

Sawaki, Y., Ohno, T., Tahata, M., Komiya, T., Hirata, T., Maruyama, S., Windley, B.F., Han, J., Shu, D., Li, Y., 2010. The Ediacaran radiogenic Sr isotope

excursion in the Doushantuo Formation in the Three Gorges area, South China.Precambrian Research 176, 46-64.
Shields, G., Veizer, J., 2002. Precambrian marine carbonate isotope database：Version 1.1.Geochemistry Geophysics Geosystems 3, 12 pp.
Ueno, Y., Yoshioka, H., Isozaki, Y., Maruyama, S., 2003. Origin of ^{13}C-depleted kerogen in ca.3.5 Ga hydrothermal silica dikes from Western Australia. Geochimica et Cosmochimica Acta 67, A501-A501.

研究課題

1．プレートテクトニクスが地球史においていつ開始したのか，そして，それを説明する証拠とは何かまとめましょう。
2．横軸46億年研究と特異点研究という研究手法を組み合わせることのメリットを考えてみましょう。
3．横軸46億年研究の対象となる要素をあげてみましょう。
4．特異点研究によって明らかになりつつある，カンブリア紀の地球表層環境の変化や生物の進化について理解しましょう。

4 システムとシステム応答 — 細胞から銀河まで —

丸山茂徳・大森聡一

はじめに

地球と生命の歴史を理解する上で，システムという概念を適用して様々な現象を理解すると，全体のメカニズムを非常に簡単に捉えることが可能になります。本章では，「システム変動」の定義から始め，システムという概念を，細胞から銀河系までの広い空間に応用します。そして，地球史をシステム変動という視点で捉えることによって，現在の人類が直面するさまざまな環境問題について理解を深めます。

《キーワード》 システムの応答，システム変動，動的平衡，階層性，物質循環

1. システムとシステム変動

システムという言葉は，我々の生活の中にすでにあふれています。情報システム，オーディオシステム，システムキッチンなど，多くの場面で使われていますが，その定義については曖昧です。というのも，さまざまな場面で用いられている反面，具体的なシステムごとに，その定義が変化してしまっているのです。そこで，この科目では，システムを以下のように定義します。

システムとは，一定の空間において，複数の要素から構成されており，全体としてある一定の機能を持ち，活動している系のことです。システムを構成する要素そのものがシステムである場合があり，その場合，その要素のことを全体のシステムと区別するために「サブシステム」と呼びます。このように，大きなシステムの中に小さなシステムが含まれるということは，システムが階層性を持つことを意味しています。

システムには入力と出力があり，物質やエネルギーが循環します。こ

のように外部とのやりとりがあるシステムを「開放系」と呼びます。入力と出力が釣り合った状態にあると，システム全体としては見掛け上，変化していないように見えます。そのような見かけ上一定の状態にあることを「動的平衡」と呼びます。

システムは，内部および外部から力を受けます。それぞれの力を内力，外力と呼びます。内力，外力が働くことによって，システムはそれまでの状態とは異なる状態に変化します。内力・外力に対してシステムが返す反応を応答と呼び，応答の前後でシステム全体に起こる変化をシステム変動と呼びます。別の言い方では，「定常状態」から乖離した状態に変わることがシステム変動だと言えます。

システムが安定して一定の機能を果たして動いていると，動的平衡状態にあるために，動いていないというイメージを与えますが，これは見掛け上の状態であって，システムとしては動いています。

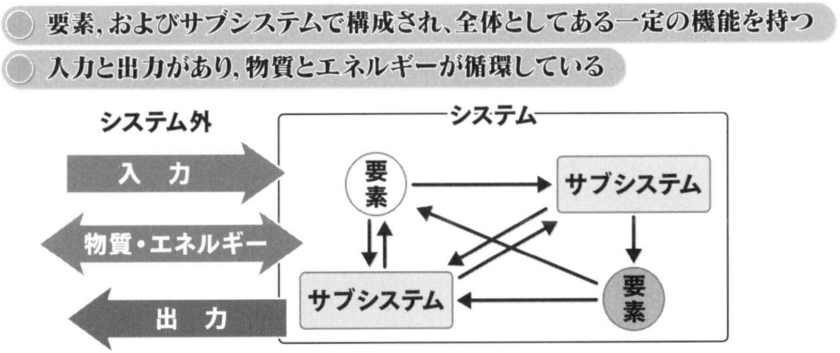

物質やエネルギーは流れているが，システムのしくみと入力・出力は変わらない状態にあることを動的平衡と呼ぶ

図4-1　システムとは何か

では，具体例をあげてシステム，システム応答，システム変動を解説してみましょう。

例えば，自動車はエンジン，タイヤ，ハンドル，車体など，さまざまな部品（要素）から構成されますが，自動車全体としては「人やものを乗せて移動する」という機能を担っています。従って，自動車も一つのシステムであるということができます。自動車の様々な部品の中には，エンジンのように，それ自体が動力を発生させるための複雑なシステムとなっているものがあり，サブシステムとして自動車を構成しています。ブレーキや操舵系なども様々な部品で構成され，減速や停止，あるいは方向転換という機能をサブシステムとして担っています。このように自動車はいくつものサブシステムからなる複雑なシステムと言えます。

自動車というシステムへの入力はガソリンです。エンジンサブシステムで，ガソリンを爆発させ，その膨張力を回転運動に変換しています。自動車システムからの出力は，推進力と排気ガスと熱です。一定のガソリンが供給・消費され，それに相当する推進力と熱と排気ガスが放出され，一定の速度で移動している状態は動的平衡にあるとみなすことができます。

自動車システムに変動を起こす要因は，たとえば，内力として，エンジンの故障があげられます。エンジンというサブシステムが故障すると，自動車システムは動力が得られなくなり停止します。これが自動車システムの応答です。一方では，劣悪な路面状態という外力によって，タイヤがパンクするということも自動車システムの応答です。タイヤのパンクという応答によって，それまでスムーズに走行していた自動車がうまく走らなくなりスピードが変化する，というのが自動車システムにおけるシステム変動です。

2. 地球をシステムとして捉える

地球も非常に大きなシステムの一つであると言えます。地球を構成している要素は様々で，人間も地球を構成する要素の一つであり，大気や海洋，あるいは固体地球の上部マントル，下部マントルも構成要素の一つです。そして，それらの要素はそれぞれが一つのシステムとなっています。例えば，人間は地球システムの構成要素の一つであると同時に，筋肉，骨，あるいは臓器といった部品から構成されて成り立つ一つのサブシステムとして機能しています。このように，システムには階層性があり，それぞれが複雑に機能し合ってより大きなシステムをつくっていることがわかります。

地球システムを階層性の小さい方から列挙すると，細胞，生物個体，生態系，表層環境システム，固体地球の上部・下部マントル，地球中心核，地磁気圏，となり，地球自体も太陽系というシステムの構成要素の一つであり，太陽系そのものも銀河系というシステムの一部となっています（須藤，2006）（**図4-2**）。

地球システムは非常に多様で複雑なサブシステムから構成されていますが，サブシステム同士は見掛け上それぞれ独立しています。たとえば，大気，海洋，固体地球は，それぞれ独立した領域を保有し，それぞれの領域内で物理的・化学的な事象が完結しているように見えます。これは，各領域のシステムで動的平衡状態にあることを意味しています。我々人間が属する生態系も同様で，人間は見掛け上独立して機能しているように見えますが，実は表層環境に含まれており，表層環境における物質とエネルギーの循環サイクルに含まれています。つまりサブシステム間は見掛け上独立であり，動的平衡状態を保持していますが，時間スケールを変えてサブシステム間を見ていくと，実はそれぞれのサブシステム間で物質やエネルギーが循環し，さらに大きなシステムとして扱わねばならないことを意味しています。例えば海洋に潤沢に蓄えられている水は，固体地球から大気圏までの間で大きく循環し，炭素などの元素についても人間，その他の生物，あるいは岩石，マントルから大気にいたるところで大きく循環しています。しかし，それらは視点をおく時間スケールによって循環の様子が変わるようになります。例えば水のマントルへの循環は億年スケールでは無視できないほど大きくなりますが，1000年スケールではマントルへの水の供給は無視できます。これは，システムの階層性によるものです（例えば，鳥海他，1996）。

このような地球システムについてより深く理解するために，それぞれのシステムについて次に解説していきましょう。

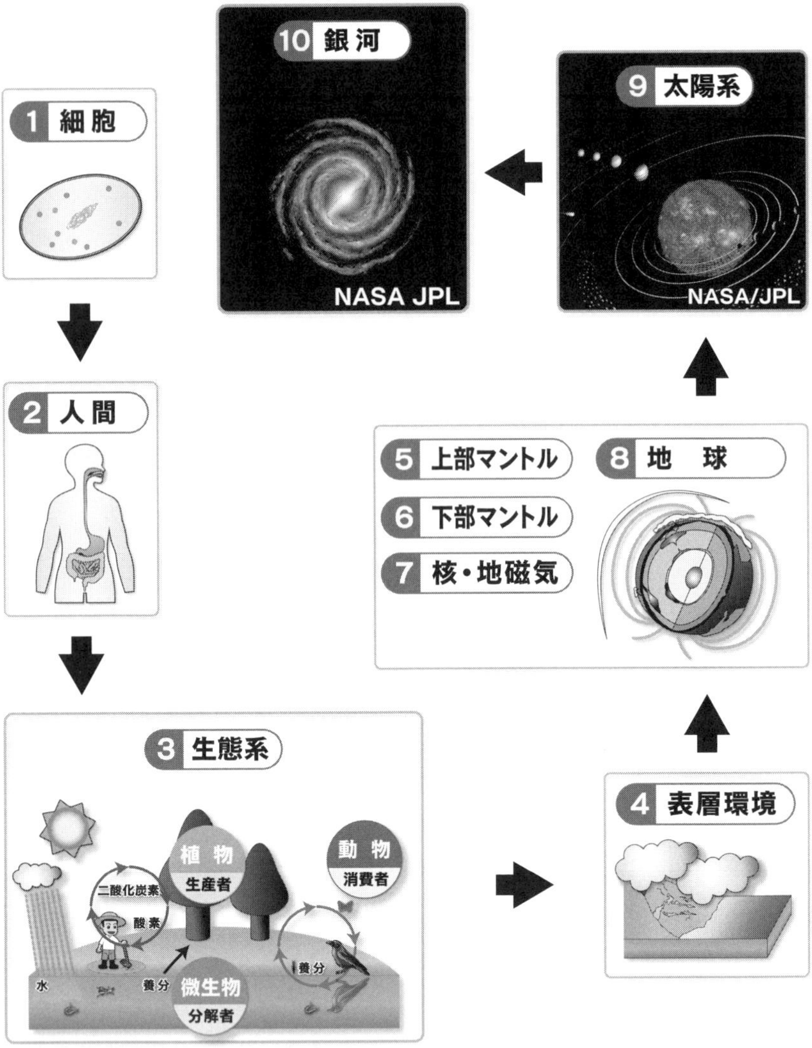

図4-2　システムの階層性

3. システム変動：細胞から宇宙まで

次にシステムの小さい方から順番にシステムとその変動について解説しましょう。

（1）細胞

原核生物は，体が一つの細胞で成り立っている単細胞生物で，大きさが約0.1ミクロンから10ミクロンと非常に小さい生物です。原核生物の細胞は，細胞膜と細胞壁によって外部とは区切られており，細胞膜と細胞壁によって閉じられた空間の中が原核生物の細胞システムです。細胞は，核様体，プラスミド，細胞質から構成され，細胞の機能は生命維持です。核様体は，代謝をになうリボソームと自己複製をになうDNAからなるサブシステムであると言えます。

細胞の代謝のため，細胞の外部からは栄養素が供給されます（入力）。細胞はこれをエネルギーと自分の体に変換して，不要な物質を排泄します（出力）。入力と出力が釣り合い，生命維持機能が一定して働いている間は，動的平衡状態にあるとみなせます。

ところが，たとえば外部環境におけるイオン濃度が変化したり，気温が変化すると，生命を維持するために細胞は外力に対して応答します。あるいは，放射線照射（外力）によって，DNAに損傷や複製エラーが生じると，遺伝子の変化が起きます（応答)。この場合には，細胞は機能しなくなり死滅するか，その変化が細胞の維持に直接関係しない場合は，遺伝子変異が蓄積されて進化へとつながります。これが，原核生物の細胞システムの変動です。

単細胞生物である原核生物に対して，真核生物は，体積が1000倍から100万倍に大きくなり，細胞の中に多種多様な小器官を持ちます。細胞を構成するサブシステムもはるかに複雑化して，より高度な生命活動が営まれるようになります。真核生物はさらに体積が100万倍になり，多細胞生物である後生動物や植物へと生命は進化します。

（2）生体（人体）

人間の体は，1人の個体そのものがシステムであり，数百を超える組織や器官というサブシステムが集合して人体をつくり，生命維持のために機能しています。組織や器官は，サブシステムですが，人体は合計で約60兆個の細胞からなるシステムです。一方で，人間の体内，たとえば腸内や口の中などには，細菌や寄生虫がすみつき，人体の中に数百種類，100兆を超える微生物からなる生態系をつくっています。動物や植物はすべてこの様な多生物共生体といえます。この様に，人間は，少なくとも数段階以上の階層性を持つサブシステムの集合からなる，超精密なシステムです（NHK「人体プロジェクト」，1999)。

人体というシステムを維持するために，有機物と栄養塩からなる栄養素，水，酸素が体に取り込まれ（入力），これらを体の構成物質とエネルギーに変えて，排泄物，CO_2，熱を放出します（出力)。

人体を構成する要素に欠陥（内力の変化）が発生すると，病気にかかります。たとえば胃腸炎になったりすると，食欲がなくなったり，うまく消化ができないという応答を引き起こします。また放射線を浴びると(外力)，サブシステムである細胞が傷つきゲノムの損傷という応答を引き起こします。それによって生命維持活動に支障をきたしたりするのは人体というシステムの変動です。

(3) 生態系

人間のみならず，その他の微生物や動植物の集合で成り立っているのが生態系です。生態系についてもシステムという概念を適用することができます。

生態系が占める領域は，生命が生息している範囲です。細胞や生体とは異なり，生態系システムを区切る境界はやや不明瞭ですが，地球の土壌，海洋，上空10 km程度までの大気圏に位置しているといえます。

生態系システムは，複数の生物群が共存する環境の維持のために機能しています。生態系は地球上の1千万～1億種程度の生物種から構成されていますが，これらの生物は，食物連鎖の考え方から，1次生産者である植物，その消費者である動物，そして，有機物を分解する微生物というサブシステムに分けて考えることができます。

生態系への入力は，CO_2，H_2O，O_2，栄養塩，そして太陽エネルギーです。一方，出力は，生体の死骸（有機物），CO_2，CH_4，H_2O，O_2です。また，生物が生産した有機物が，微生物に分解されることなく地層中に埋没すると，それらは，石油やガスのような埋没有機炭素として生態系のシステムからの出力になります。

生態系の内力の変化としてあげられるのは，特定の種，たとえば人間の急激な増加，あるいは人間による環境破壊です。このような内力の変化に対して生態系は，人間以外の生命種の絶滅といった形で応答します。ただし人間にも少なからず影響があります。生態系の外力としては，気候変動などがあげられ，生態系の崩壊や回復がそれに対する生態系の応答といえます。

（4）表層環境

表層環境は，固体地球を覆う空間で，具体的には，海洋，土壌，高さ10 km程度の対流圏とその上方50 kmまでの成層圏を含めた大気圏がその範囲といえます。オゾン層は成層圏の50 km上空にあります。表層環境システムは，環境維持のために機能し，生態系，海洋，大気といったサブシステムからなっていると考えられます。

このシステムへの入力は，太陽からの可視光，熱，紫外線，あるいは，太陽や宇宙からの放射線があり，一方では，地球内部からの火山ガス，エアロゾル，地熱なども入力となります。しかし，圧倒的に大きな入力は太陽から供給されるエネルギーで，太陽エネルギーは地熱の約10倍に達します。

このシステムからの出力は，地球から宇宙空間への放射熱，そして，プレートの沈み込みに伴うマントルへの移動物質（H_2O，CO_2，堆積物など）です。

表層環境システム内では，サブシステム間において，気象現象，海流による非常に複雑な物質とエネルギーの循環が起きていますが，ある一定の時間で見ると全体として安定しているように見えます。つまり動的平衡状態にあります。

このシステムで，短期間に人間圏の異常な拡大などが起こると（内力の変化），生態系の破壊に伴う表層環境破壊が起こります（応答）。また，スーパーフレアと呼ばれる太陽表面近くで起きる超大規模爆発現象が起こると（外力の変化），大量の電磁放射線が地球に到達し，地球を覆う地磁気圏の破壊を引き起こし，地表環境にも影響を与えます（応答)。もしこのようなスーパーフレアのエネルギーが地球を直撃すると，その規模によっては地球を周回している人工衛星や国際宇宙ステーション（ISS）も電気系統の機能がすべて破壊されてしまうでしょう。実は，2012年に，そのようなスーパーフレアが起きたことがわかっていますが，地球を直撃しませんでした（→P.77)。わずか1か月前に地球が通過した軌道上に向かってスーパーフレアの爆風ジェットが通過したのです。このために，地球上での被害はほとんどありませんでした。

4. 固体地球システム

（1）地殻―上部マントル

地殻―上部マントルは，固体地球システムを構成するサブシステムの一つで，地表の岩石の領域から，地下660 kmの，下部マントルとの境界までの範囲を指します。表層環境ならびに下部マントルという二つのサブシステムと直接接しており，それらとの間で入出力があります。地殻―上部マントルシステムは，表層環境と固体地球のインターフェースとして機能しています。

地殻―上部マントルシステムの構成要素は，地殻の部分が，玄武岩，安山岩，花こう岩などのマントルから分化した岩石でできています。マントルの部分はかんらん岩からなっています。上部マントルが部分溶融して中央海嶺玄武岩や島弧安山岩―花こう岩が生まれ，これを駆動するのはプレート運動です。

上部マントルと下部マントルを分ける理由は，運動の形態と駆動力がそれぞれで異なるからです。上部マントルはプレートの水平運動によって支配され，下部マントルでは垂直方向のプルーム運動が全体を支配します。また，660 km深度では，マントルの鉱物組み合わせが上下で変化し，その体積変化により，物体の移動を妨げる性質があります。従って，上部マントルを下部マントルと区別して別々の領域をもつシステムとして扱います。

地殻―上部マントルと表層環境の境界では，プレートテクトニクスが働いています。プレート境界の性質から，地殻―上部マントルシステムのサブシステムとして，収束境界（沈み込み・衝突帯），発散境界（中央海嶺，大陸上のリフト），すれ違い境界の三つがあり，さらに，上部マントル内の物質移動の性質から，アセノスフェア，プルームのサブシステムがあります。

このシステムへの入力は，表層環境で形成される炭酸塩岩やチャートなどの堆積物や，熱水変質作用によって表層から海洋プレートにもたらされる含水鉱物と炭酸塩鉱物による水や二酸化炭素，そして下部マントルからのプルーム上昇流です。出力は，火山から表層環境に放出されるマグマのガス成分，さらに冷たいスラブの崩落によって下部マントルへもたらされるプレート物質があげられます。

外力・内力の変化に対する地殻—上部マントルシステムの応答例については，具体的に説明するために，白亜紀のプルーム活動の活性化の例を次に取りあげます。

図4–3は，地殻から下部マントルまでの部分の断面図で，上部マントルと下部マントル境界が660 km深度にあり，下部マントルの底は2900 km深度にあります。図左は，定常期のマントル対流と太平洋スーパープルームの活動を示しています。上部マントルは水平方向の運動，下部マントルは垂直方向の運動に支配され，上部・下部マントル境界にシステムの境界があるためそれぞれは独立したシステムとして機能しています。しかし，沈み込み帯から660 km深度に運ばれた低温のスラブが蓄積し，吸熱相転移によって下部マントルが冷却されると，下降流が発生します。それによって，システム境界（660 km深度）に滞留していたスラブの塊が下部マントルに落下します（内力の変化）。このような崩落現象に伴って，落下と釣り合う分の物質が下部マントルから上部マントルへ上昇します（応答）。この大規模な上昇流がスーパープルームで，上部マントルシステムへ与える外力の変化です（Maruyama, 1994）。スーパープルームの活動が活発になると，上部マントルではプレートやプルームの運動が活発になりマグマ生成率が高まります（応答）。

このような上部マントルにおける変動は，白亜紀の表層環境の地質記録に残されています（**図4–4**）。まず，海洋地殻生産率が，太平洋地域でだけ通常の1.5倍になっており，これは太平洋スーパープルームの活性化を

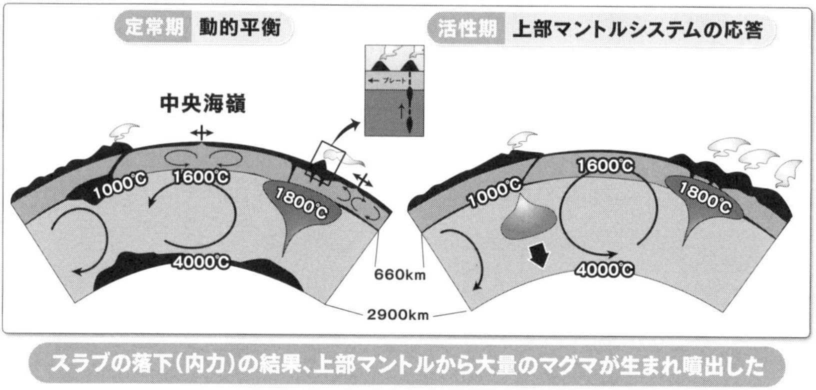

図4-3　上部マントルシステムの応答例

示しています。大西洋とインド洋の海洋底に変動がないので，この時期の火山活動は太平洋スーパープルーム起源であることが示唆されます。この時期には，CO_2濃度が最大の見積りで現在の10倍，海水温は15℃程度高温，海水準は200 m以上上昇しており，非常に温暖な表層環境であったことがわかります。高CO_2濃度における動植物生産率の向上を反映して，石油や天然ガスのほとんどがこの時期に生成されています。約4000万年を要した長期にわたる固体地球の変動が，表層環境にも多大な影響を与えました（Larson，1997）。さらに，この時期の磁場の変動も考えると，システムの空間的広がりは全地球規模に拡大する必要が生じます。

（2）下部マントルシステム

下部マントルシステムは，660 km深度から2900 km深度の空間を占めています。下部マントルの構成岩石は，およそかんらん岩質の化学組成を持ちますが，上部マントル鉱物の高圧相であるブリッジマンアイト（$MgSiO_3$組成の高圧鉱物）とMg-ウスタイトが主な構成鉱物です。下部マントルシステムの機能は，外核ダイナモを駆動することと，地球内部の熱を上部マントルに伝えることです。サブシステムとしては，中心核との境界付近にブリッジマンアイトが相転移しポストペロブスカイト相で構成されるD” 層と呼ばれる200－300 kmの厚さの領域が存在します。

内力の変化によってさらに表層環境も大きく変えた

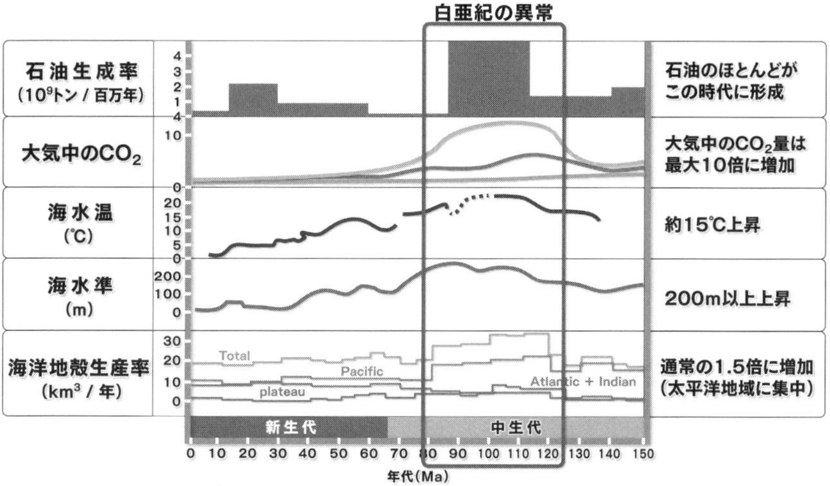

図4-4　太平洋スーパープルームの活性化と表層環境の変化

このシステムへの入力は，核から供給される熱，上部マントルから供給される沈み込み帯由来のスラブで，それぞれ下部マントル内のプルーム上昇流とスラブ下降流をつくります。D”層には，上部マントルのプレートテクトニクスに相当する水平の流れが存在します。そして，スーパープルームが立ち上がるような高温域ではリサイクル海洋地殻が部分溶融してできる反大陸物質マグマが生まれ，外核直上に沈下して反大陸のサイズを大きくします。一方，解け残りの海洋地殻は上昇してプルームを駆動します。このシステムの出力は，下部マントル物質が上部マントルへと移動して，熱を上部マントルに運ぶことと，下部マントル物質が上部マントルに移動することです。

下部マントルへの外力は，上部マントルから崩落する巨大スラブで，スーパープルームの活性化が応答です。

(3) 核

核は地球システムの最も中心にあるサブシステムで，2900 kmから地球中心の6400 km深度までの空間を占めています。全体として金属鉄合金で構成されていますが，固体の内核と液体の外核があり，さらに外核最上部のマントル－核境界部には数10 km厚の化学反応帯が存在すると考えられています。これらが核システムを構成する要素です。機能は，内部熱の放出と磁場の形成です。

これまでに解説してきた地球のサブシステムの中でも特異なのは，核システムへの入力がないことです。地球形成時の集積熱が核内部の熱源となっています。一方，熱を下部マントルへ供給（出力）することによって外核の液体金属が対流します。このダイナモ効果により，地磁気を発生させ，地球の地磁気圏を形成しており，生態系を守る非常に重要な機能を担っています。

このシステムの外力は，下部マントルの底に崩落するスラブ崩壊です。冷たいスラブの崩落によって，核システムは冷却され外核のダイナモ対流が変化します（応答）。それによって，地球磁場の変化というシステム変動を起こします。また，外核の冷却に伴い，内核は1000年に1 mmの程度の割合で鉄の結晶が沈殿し継続的に成長しています。これも核システムの変動とみなすことができます（Kumazawa and Maruyama，1994）。

5. 固体地球内部の物質循環

上部・下部マントルは，対流により核の熱を地表に運搬し宇宙へと放出するのが主な機能と言えますが，その対流に伴い地球表層からマントル最下部まで物質移動が発生します。

固体地球の一番外側の地殻は，マントルから分化してできた物質で，放射性元素やリンなどを濃縮した組成を持っています。地殻は密度がマントルよりも低いために，表層で陸地を形成しますが，その一部は沈み込みにより上部マントル最下部にもたらされます。また，中央海嶺において，含水・炭酸化した海洋地殻が沈み込むことによって，表層環境圏の水や二酸化炭素もマントルに運搬されます。ただし，その移動速度は数cm/年なので，億年単位の時間では重要ですが1000年単位の時間では無視できます。

沈み込み帯では，温度圧力の上昇に伴って沈み込む岩石の中で化学反応が生じ，水や二酸化炭素の一部は島弧火山から地表に戻りますが，一部はマントル深部にまで運ばれます。沈み込んだプレートは，下部マントルを経由して，外核境界深度まで到達した後，核の熱により再び融解し，重たいマグマ成分がマントルの底に残り，反大陸を増加させ，軽いとけ残り成分が下部マントル中の上昇プルームの浮力となります。この上昇流は，上部マントルに到達すると融解し，マグマとなって地殻の生産にかかわることになります。このような固体地球内部の物質循環は，数億年から10億年スケールの速度で起きます。表層環境圏の変動速度とは5桁程度違う速度ですが，長時間継続して進行するため，結果として，プレート沈み込みにより，地表の水や二酸化炭素をマントルに除去して，巨大陸地が現れる結果を導き表層環境システムを大きく変えることになります。その結果，地球生物の黄金時代が生まれました。（Maruyama et al，2014）

6. 地球システム

細胞から中心核まで，地球を構成する要素（サブシステム）を個別に見てきましたが，どの階層においても，システムという同じ概念を使って現象を説明することができるということが重要です。言い換えると，それぞれの事象をシステムという枠組みで体系的に，あるいは統一的な表現で取り扱うことができるということです。

では最後に，地球という最も大きい単位で地球をシステムとして解説します。地球は，外側から，磁気圏，表層環境圏，地殻・上部マントル圏，下部マントル圏，核圏という並びで構成されています。宇宙空間に対して，地磁気圏の外縁境界が地球システムの最外境界で，太陽に面した側で6万キロ，その反対側では数十万キロにおよびます。

地球を構成しているサブシステム同士は互いに関連し，物質循環を伴いますが，全体としては地球システムは動的平衡状態にあります。しかし，長期的に見ると，内部熱を失いつつ一方向に進化しているといえます。つまり地球システムは，内部熱を放出する進化に従います。

地球システムへの入力は，太陽風による電磁エネルギー，銀河系からの銀河風，太陽系の近傍で1億年に1回起こる超新星爆発による宇宙線などがあげられ，表層環境圏に入力されます。出力は，地球からの輻射熱です。

地球システムへの突発的な外力の例として，太陽からのスーパーフレアがあげられます。スーパーフレアが起きると，地磁気圏の縮退という応答が起きて，表層環境圏と生態系への外力となります。つまり，サブシステムの応答が，ほかのサブシステムの外力になるという関連性が見られます。

次は，ここまでに紹介した固体地球と中心核のサブシステムを総合し，中心核の変動が，地球磁気圏を経由し，さらに複数のサブシステムをまたいで表層環境に与える変動例を紹介します。

外核の地磁気ダイナモは，通常の状態では，自転軸近くに磁極をもつ双極子磁場を形成しています。双極子磁場のもとでは，地球システムは強い磁気圏に包まれ，太陽風や銀河風から表層環境が守られています。現在は，北極がS極，南極がN極となっていますが，地球史を通した長い間には，この磁場が周期的に反転していたことが知られています。地磁気の反転以外にも，外核のダイナモが四重極磁場と呼ばれる磁場を形成する可能性が考えられており，この場合，磁場強度は低下し表層環境は太陽風や銀河風の影響を強く受けることになります。銀河風が大気圏に降り注いだときの気象システムの応答としてあげられているのが，宇宙線による雲核形成増加に起因する雲の量の増加です。雲の増加は，地表への日射量を減少させ，また，地球の反射率を増加させることにより表層環境を寒冷化に向かわせます。銀河風の強度変化を合わせて考慮する必要がありますが，原生代に2度記録された全球凍結は，このメカニズムにより発生した可能性が大きいことが指摘されています。

このように，地球システムと太陽系，そして銀河系との関わりから，外核の変動に対するシステムの応答の連鎖によって，表層環境の変動が説明できる例を示しました。最後に，地球システムを含む太陽系と銀河系について説明します。

7. 太陽系

これまで紹介したシステムとは，桁違いに大きい空間と質量，エネルギーを備えているのが太陽系ですが，この系もシステムとシステム変動の考え方で取り扱うことができます。システムの範囲は，太陽風と太陽磁気のおよぶ領域で，その境界はヘリオスフェアと呼ばれ，約100AUの位置にあります。太陽系の機能は，惑星系の表層環境の維持です。

サブシステムは，太陽，惑星，アステロイドベルト，矮惑星などですが，中心星である太陽からの放射と太陽重力が各系のサブシステムを支配している点で，これまでのシステムとは性質が違います。また，衛星を持つ惑星は，たとえば，地球－月系といったように，その組み合わせを一つのサブシステムとして考えることが可能です。

次に，地球の表層環境に大きな影響を与える変動要因を中心に太陽系のシステム変動を考えます。太陽系のシステムを変動させる要因としては，内力として，太陽の核融合システムの変化があり，例えば，スーパーフレアの発生があげられます。スーパーフレアとは，太陽表面で起きる大規模な爆発現象で，フレアの爆風が地球に当たると，地球表層の電力情報システムに壊滅的被害を与えることが予想されています。2012年7月23日に，地球の公転軌道の1か月前の地点に向かって，通常の4倍強度のフレアの爆発が通過していたことがわかっています。また，太陽と惑星重力の複雑な作用の応答として，小惑星帯の巨大隕石や小天体の軌道が変化して，これらが地球やその他の惑星に落下したりします。例えば，火星の二つの衛星であるダイモスやフォボスは，そのようにしてアステロイド帯から移動してきた小惑星が火星重力にトラップされて生まれた「火星の月」であることが推定されています。

太陽系を変動させる外力には，銀河風や，近傍超新星爆発などがあります。これらの外力の変化に対するシステムの応答として，ヘリオスフェアが地球軌道内部にまで後退する可能性が指摘されており，このような場合，地球の表層環境圏が，強い銀河風にさらされ，オゾン層が数万年にわたって欠損することになります。（Kataoka et al，2014）

8. 銀河系

宇宙には1000－2000億個程度の銀河が存在するといわれています。太陽系が属する天の川銀河はそれらの銀河の一つで，直径10万光年の渦状銀河です。その機能は，恒星系の形成と消滅です。サブシステムは，1000-2000億の恒星系で，恒星の分布密度が高い腕と呼ばれる明瞭な構造を5本持っています。これら5本の腕は約2億年で1回転し，銀河公転面の上下にはダークマターが球状に分布していることが明らかになりました。また，中心には巨大なブラックホールの存在が示唆されています。

サブシステムの一つである太陽系は，銀河公転面に対して垂直方向に相対的運動をしながら回転し，腕と腕の間の密度が低い領域を約2000万年周期で通過しています。現在は，オリオン腕の中に位置しています。

我々の銀河の近傍には，大マゼラン，小マゼランなどの矮小銀河が分布しています。矮小銀河の数は200を超え，天の川銀河にまとわりつくように分布しています。天の川銀河に匹敵するのはアンドロメダ大銀河で，天の川銀河の1.5倍の規模です。銀河系の変動は，外力によるものとしては，周囲の矮小銀河との衝突があげられ，応答としてスターバーストと呼ばれる星の大量形成が起こると考えられています。スターバーストは，銀河風や超新星爆発起源の物質を生成し，太陽系，地球システムに重大な影響を与えることになります。

9. システムの特徴と分類

自然界では，様々な事象が複雑に関連し合い，時間とともに変化していきます。そのため，それぞれの事象の本質を見極めることが非常に困難であると感じるでしょう。しかし，ここまで解説してきたように，システムという考え方を適用することによって，各事象の普遍的性質を抽出することが可能になります。細胞から銀河まで，扱う対象の大きさとは無関係に，その普遍的性質の理解，変動の原理の理解，変動の出発原因の解明，変動の順番の理解など，「システム変動」が非常に便利な概念であると言えます。

システムとは何か，という定義について本章の冒頭で説明しましたが，この定義は本質的には複雑な事象の普遍性をまとめたものです。

「一定の空間において，複数の要素から構成されており，全体としてある一定の機能を持ち，活動している系」であるという定義は，すべての複雑な事象の共通項です。複雑さのために，一連の一見異質な事象の連鎖の関係性の本質は，簡単には見抜けません。ところが，システムという概念を導入すれば，それがわかると言うのがポイントです。

システムは動いている系ですから，かならずエネルギー源があります。地球や太陽系のように，それぞれのシステムに内在するエネルギーが系を駆動している場合もあれば，細胞や生物，上部マントル，下部マントルなどのように，系を駆動するためのエネルギーが外部からの入力によってまかなわれるシステムもあります。つまり熱源という観点からシステムを分類することができ，1）内在するエネルギーによって駆動されるシステム，2）外部からの入力によってエネルギーを得て，駆動されるシステム，の二つがあることがわかります。

またエネルギー源が影響を及ぼす範囲が，システムの空間を決めます。地球の場合は，誕生時のエネルギーが中心に保持されており，それによって地球全体が駆動されます。そのエネルギーが作用する最外殻が地磁気圏です。他方，表層環境は，地球内部からの熱の放出もありますが，太陽光によるエネルギーが圧倒的に系を支配し，駆動しています。太陽エネルギーは地表付近から大気圏全体の空間を駆動します。

「システム」の重要な点は，見掛け上は一定で，系が安定し平衡状態に見えることです。しかし，着目するシステムの単位を変えると，100万年単位では独立したシステムとして機能しているサブシステム同士が，億年単位の時間で考えると，結合したシステムとして機能し，物質移動やエネルギーの移動があります。このような見え方の違いは，システムの駆動の時間単位がそれぞれの系で異なるために起こります。たとえば，表層環境というシステムに着目する場合，太陽エネルギーという外部からの熱源によってシステムは駆動されています。例えば，対流圏では大気は秒速5 m程度で動いています。しかし，一方で固体地球は，地球誕生時の内部エネルギーによって駆動されますが，駆動の時間単位は千万—1億年単位となります。たとえばプレートの移動速度は年間5

－6cm程度ですが，風の平均移動速度である秒速5mは年間の移動速度に計算しなおすと1.5×10^{10}cm/年です。固体地球の移動速度が圧倒的に小さく，表層環境という視点からは無視できる程度に小さいことがわかります。従って，見掛け上，表層環境と固体地球は独立しているように見えます。しかし，この移動速度を1億年という単位で比較し，1億年間の平均的な表層環境を固体地球からもたらされるCO_2やH_2Oなどの元素のやりとりと比べると，明瞭な相関関係がみられるので，二つは結合したものとみなされることになります。

10. 応用問題：人間圏の急激な拡大が与える地球表層環境システムの応答と変動

最後に，地球システムの視点から考えると本質が明確にわかる具体例として，人類の前に立ちはだかっている21世紀の大問題である環境問題を取りあげましょう。

世界人口は人類がアフリカ大陸内部だけに住んでいた間は100万人以下でした。しかし，人間圏は急激に拡大し，現在の世界人口は70億人に達しています。**図4-5**（上図）は，100万年前の石器時代以来の地球の人口変化を示したグラフです。近代以降，人口は指数関数的に増加し，50倍以上の人口に達したことが読み取れます。この問題を全地球の生態系のシステムとして扱い，その中に一つの要素として人間圏を考えてみましょう。

図4-5は，ローマクラブの1972年の予測のグラフで，環境問題をシステム的に解析した草分け的成果です（メドウズ他，1972)。このモデルでは，2050年に人口のピークを迎え，資源の指数関数的減少と食料増産の限界を原因として，2020年を境に，食糧難，汚染増加，工業生産低下という人類史最大の混乱の時代が始まる，というシナリオを示しています。発表直後にはこの予測に対して批判もありましたが，人口や汚染に関しては，現在のところ，予測通りの結果になっています。一方，シェールオイル・ガスのおかげで，資源枯渇の危機は200年間先送

りされたと言われています。しかし，それで問題が解決したわけではありません。もう一つの重要な問題は食料問題です。食料増産の限界について，システムの観点から見てみましょう。

図4-6は，陸上の動物と森林面積の量の変化を農耕発生以前と現在について比較した図です。動物の質量で見ると，現在までに，生態系の総質量が拡大するとともに野生動物の総量は減少し，家畜と人間の体重の総量が野生動物の約5倍になり，全体の約84 %を占めるようになったということを示しています。また，農耕の開始以来，森林を切って，小麦，トウモロコシ，米，牧草を栽培してきた結果，農耕が開始した7千年前には62億ヘクタールあった森林面積は，現在では，40億ヘクタールと2/3に減少しました。一方で，人工的な農地作付面積は，17億ヘクタールに達しました。このように，地球の生態系はすでに人工生態系になっていると言えますが，このような状態から人の占める割合を増やせるか，そしてそれを維持できるか，ということが鍵で，これが21世紀最大の環境問題となるでしょう。

急増する人間と家畜，また農作物生産は生態系システムを100年から200年という非常な短期間に急激に変えました。生態系内の，「植物（1次生産者）→動物→微生物→植物」サイクルの中で，植物と動物の部分を人間が大きく改変したのです。そして，その改変の過程において，無

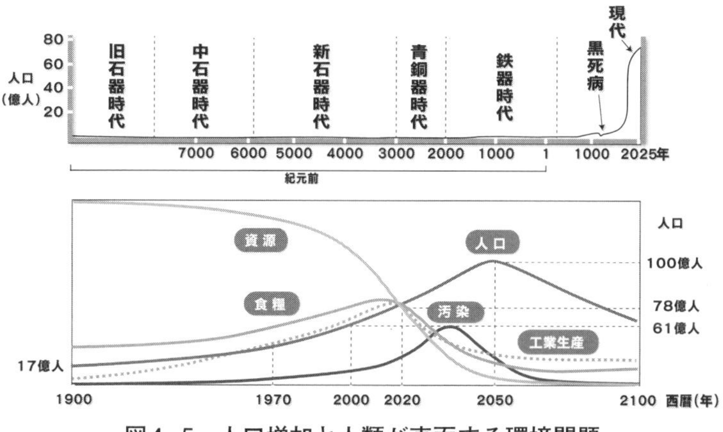

図4-5　人口増加と人類が直面する環境問題

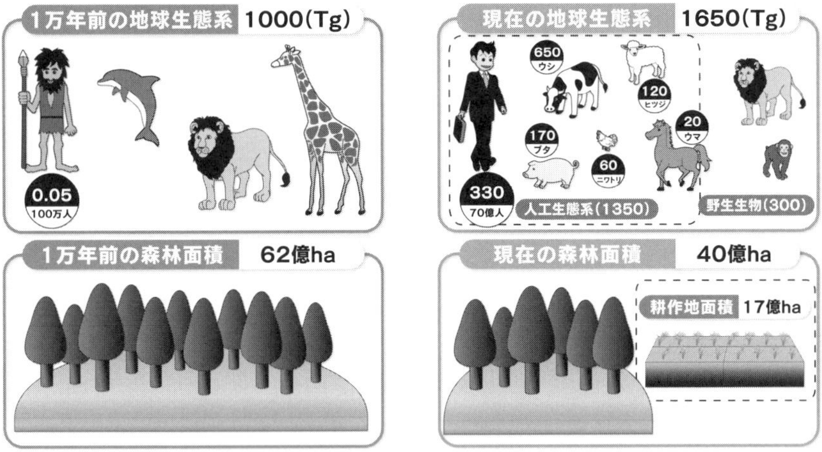

図4-6　地球生態系はすでに人工生態系

視できないほどの化石燃料や人工化学物質が表層環境システムに投入されました。しかし，生態系システムの大きさは明らかに有限であり，人間や家畜に合わせて，ほかのサブシステムのサイズを，無制限に変えることはできません。また，この変化に対して，微生物のサブシステムはどのような応答を返すのでしょうか。このシステム内に起因する変動は，現在も進行中であるため，システムの応答がどうなるのか，定常状態がどうなるのか，答えは出ていません。また，この人工生態系の急激な拡大に対する生態系の応答は，表層環境圏へ外力として働きますが，表層環境圏がどう応答するのかということも不明です。この問題は，階層的な構造を持っています。定性的な答えとして，人工生態系サブシステムの大きさを，適切なサイズに維持する必要があると思いますが，そのサイズがどれくらいの大きさなのか，そのサイズに戻すためには，どのようにシステムを修正したら良いのか。人工生態系を修正，すなわち，人間の生活全般を調節することは，人間のヒューマニズム，政治や国家間におよぶ大問題です。

地球科学の立場からは，できるだけ定量的にシステムの応答を明らかにして，世界に判断材料を提供することで貢献できると私たちは考えています。

引用文献

Kataoka, R., Ebisuzaki, T., Miyahara, H., Nimura, T., Tomida, T., Sato, T., Maruyama, S., 2014. The Nebula Winter：The united view of the snowball Earth, mass extinctions, and explosive evolution in the late Neoproterozoic and Cambrian periods.Gondwana Res.25, 1153-1163.

Kumazawa, M., Maruyama, S., 1994. Whole earth tectonics.Journal of Geological Society of Japan 100, 81-102.

Larson, R.L., 1991. Latest pulse of Earth-Evidence for a Midcretaceous superplume.Geology 19, 547-550.

Maruyama, S., 1994. Plume tectonics.Journal of Geological Society of Japan 100, 24-49.

Maruyama, S., Sawaki, Y., Ebisuzaki, T., Ikoma, M., Omori, S., Komabayashi, T., 2014. Initiation of leaking Earth：An ultimate trigger of the Cambrian explosion.Gondwana Res.25, 910-944.

Sparrow, G., 2012. The Universe in 100 key discoveries.Quercus.

須藤靖, 2006.ものの大きさ—自然の階層・宇宙の階層 東京大学出版会

鳥海他，地球システム科学2，1996，岩波書店

メドウズ, D.H.・メドウズ, D.L.・ランダース, J.・ベアランズ三世, W.W.著，大来佐武郎監訳（1972）：成長の限界—ローマ・クラブ「人類の危機」レポート.ダイヤモンド社.Meadows, D.H., Meadows, D.L., Randers, J.and Behrens III, W.W.（1972）：The Limits to growth：A report for the Club of Rome's Project on the Predicament of Mankind.Universe Books.

NHK「人体」プロジェクト，1999，NHKスペシャル驚異の小宇宙，NHK出版

研究課題

1．システムとは何か，システムの応答とは何か，システム変動とは何か，についてそれぞれ説明してみましょう。
2．システムという概念を適用して地球科学を読み解くことのメリットを考えてみましょう。
3．人間圏の急速な拡大によって，地球表層環境システム，あるいは地球システムにどのような影響を与えているか考えてみましょう。

5　地球の起源と形成プロセス

丸山茂徳

はじめに

科学技術の発展に伴う観測技術の充実から，太陽系内部の惑星のみならず，数多くの系外惑星が発見され，これまで我々が理解していたものとは大きく異なる惑星の描像が見えてきました。一方で，月の地質の理解が進んだことによって，冥王代地球の描像もより具体的にわかるようになってきました。本章では，それらの最新の知見を紹介し，地球形成過程において，どのように大気・海洋成分が付加されたかを解説します。

《キーワード》　スターバースト，スノーライン（雪線），有機物線，化学組成累帯構造，ABEL モデル

1．天の川銀河における星形成の歴史

太陽系がどのように形成されて，さらにその中で地球がどのようにして誕生したのかということについては50年を超える近代科学の研究の歴史があります。近年になって，系外惑星探査機「ケプラー」というアメリカによる宇宙望遠鏡の観測によって，太陽系外にある惑星（＝系外惑星）が次々と発見されました。残念ながら，ケプラーは2013年に故障してしまいましたが，それまでの約3年半の間に約1000個の系外惑星を発見し，候補を入れると4000個を超える系外惑星を発見しています。これらの発見によって，我々の太陽系とはずいぶん違う惑星の描像が見えてきました。また，それと同時に，小惑星帯から飛来し地球に落下した隕石の研究と小惑星帯の研究から，太陽系の惑星形成メカニズムについての理解が大きく進展しました。そして，1968年に始まったアポロ計画によって，月の地質の理解が大きく進み，アポロの石や月起源の隕石を使った研究が大きく発展したことによって，冥王代（地球誕生から40億年前までの時代）の地球の描像が見えるように

なってきました。このような様々な研究が非常に大きく貢献し，太陽系惑星の形成機構，特に地球形成のメカニズムの理解が大きく進展してきました。

では始めに，太陽系の起源を考えてみることにしましょう。われわれの天の川銀河の中には約1000億個の星があります。太陽はそのうちの一つです。このような膨大な数の星が誕生し，その一部はある一定の時間がたつと超新星爆発を起こして消滅し，それから，また新しい星々が誕生します。そういった一連の過程について半定量的な議論をすることが可能になってきたのが現在の段階です。

図5-1上は，150億年前から現在までに生まれた星の数が示されています。観測は我々の太陽系の近いところに偏っているということがありますから，そのようなバイアスを取り除いてみる必要があります。そこで，天の川銀河全体を均等に見るために補正をしたのが**図5-1**下です。星の生成率が一番多いところと少ないところでは，1000倍違うことがわかります。一方，地球史46億年の間の星生成率を見ると，大きく分

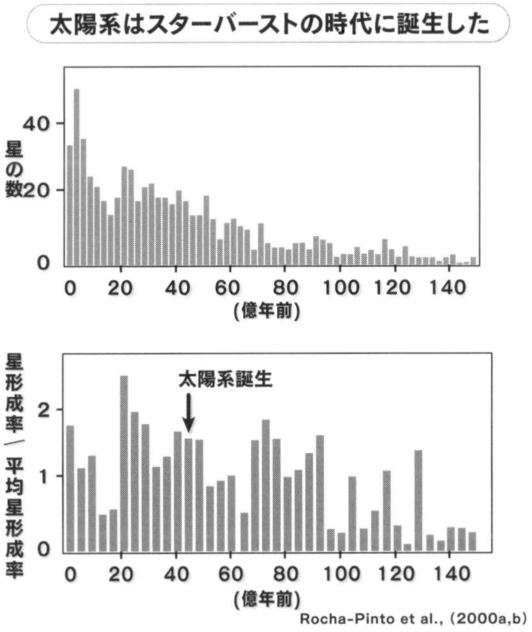

図5-1　天の川銀河における星形成率の歴史

けて三つのピークと二つのへこみがあることがわかります。46億年前に地球が誕生した時期，つまり太陽系が誕生した時期は，銀河系の星生成率のピークに対応しているように見えることがわかります。

2. 天の川銀河周辺と矮小銀河

われわれの天の川銀河の構造は，光学的には薄っぺらな形をしていますが，そのまわりに球状の暗黒物質があるのではないかということがわかってきました。隣のアンドロメダ銀河はわれわれの天の川銀河の1.5倍の大きさの巨大な銀河ですが，それ以外の場所はスカスカで，あまり大きな銀河はありません。しかし，天の川銀河の周りには200個以上の矮小銀河がまとわりついているということもわかってきました。同じように，アンドロメダ銀河はもっと多くの小ぶりの銀河や矮小銀河にまとわりつかれています。これは，過去に起きた銀河同士の衝突が原因で起きている現象であることがわかってきました。

3. スターバースト

銀河同士が衝突するということは，過去に頻繁にありました。現在では，そのような衝突中の銀河の例を宇宙で観測することが可能になりました。衝突中の銀河は非常に明るく輝いているので，小さな星がたくさん生まれてくることがわかってきています（Sparrow，2012）。このように，一度に大量の星が生成される現象をスターバーストといいます。星の形成率が高まるスターバーストという現象は，我々天の川銀河の歴史においても明らかに認められます。つまり，過去において何度も矮小銀河と衝突し，スターバーストが起きた時に天の川銀河の星が大量に生まれたのであって，星が一定の割合で誕生しているわけではないのだということを示唆しています。それを示したのが**図5-1**です。銀河系の中の恒星の年齢は，色の観測によって決まります。そしてそこから星の形成率が求まります。**図5-1**から，宇宙史約150億年（今日では138億年と考えられている）の間に約8回のスターバーストが起きたことがわかります。そのうちの一つが約46億年前です。

4. 原始太陽系惑星の形成シナリオ

太陽系が誕生したきっかけは何かという議論は，既にこれまでに多くなされてきました。古典的な解釈では，宇宙でのゆらぎがあって，水素やヘリウムガスが濃いところで太陽系の形成が始まったと考えられていましたが，最近では，矮小銀河との衝突がきっかけであると言われるようになりました。その理由は約46億年前にスターバーストが起きているからです（Hayashi et al, 1985）。

図5-2は太陽系の形成モデルを模式的に書いた図です。まず始めに，矮小銀河が衝突することによって円盤が形成されます。水素とヘリウムガスを中心として円盤が回転を始めると，質量は圧倒的に中心に集まります。ある量を超えると，太陽の水素が燃えてヘリウムになるという核融合反応が起き始めます（**図5-2**(a)）。時間とともに，ガスからミクロンサイズの鉱物が晶出して，赤道中心に集まります。太陽は中心で燃え始めるので，太陽に近づくと温度が高くなり，遠ざかると温度が低いということになり，物質の化学分化が起きます。つまり，揮発性成分は遠いところにおいやられて，岩石や金属などは太陽の内側に多く存在することになります。**図5-2**(b)にあるスノーライン（雪線）はH_2Oの境界を示していて，この線より太陽に近いところでは，H_2Oはガスとして存在し，この線より外側では固体（氷）として存在します。ガスは太陽風に吹き飛ばされて外側へ移動します。このように物質が化学分化しながら，できた塵が少しずつ集まって，太陽系の内側ではこぶし大の石となり，やがて直径10 kmサイズの微惑星と呼ばれるものができるようになります。それが次々衝突すると，地球のような岩石主体の惑星が形成されます。そして外側には揮発性成分に富むガス惑星や氷惑星ができます。

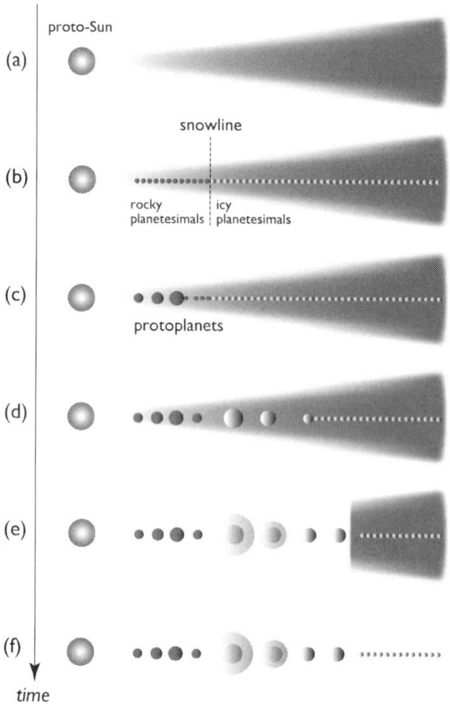

図5-2　太陽系の惑星形成の標準的なシナリオ（Maruyama et al, 2013）

5. 地球の形成：微惑星から層状構造の形成まで

図5-3は，地球や金星など，太陽系の内側に位置する岩石惑星がどのようにできたかを表現した古典的な図です。45.6億年前には微惑星であったものが，（右回りに）少しずつ大きくなっていきます。現在の月，火星，地球がどれくらいのサイズかを直感的に把握するために説明すると，地球半径の約2分の1の半径を持つのが火星です。従って，体積は約8分の1です（正確には，約10分の1)。さらに火星半径の2分の1の半径が月です。一方，最近では系外惑星の中にスーパーアース（巨大地球型惑星）と呼ばれる星が見つかるようになりましたが，それは地球半径の2倍から数倍あります。

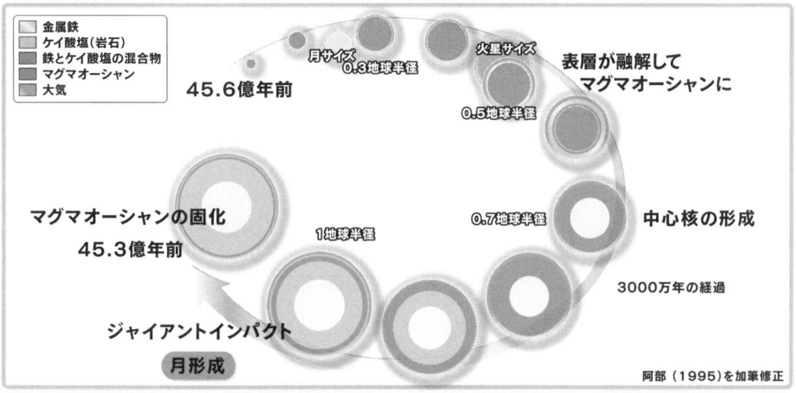

図5-3　地球の形成の古典的なシナリオ

さて，岩石が衝突を繰り返し，微惑星が月よりも大きく成長すると，重力が原因で大気が逃げられなくなり，惑星はわずかだが大気をもつようになります。さらに，火星ぐらいの大きさまで成長すると，表面が部分溶融するようになります。すると，溶融したことによって，石（密度3）と金属（密度10）が分離し，中心に核ができるようになります。そして，表層には原始大気が残ります。さらに惑星が大きく成長すると，最終的に一つの惑星軌道に一つの惑星が誕生する最後の段階になります。そして巨大衝突が起こります。地球と火星サイズのものが衝突した事件がジャイアントインパクトです。この時に砕け散ったものが宇宙空間に飛び出してできたのが月だと考えられています。地球の場合は，45.6億年前から45.3億年間での3000万年の間にこのようなプロセスによって形成されました。これが地球の形成シナリオの古典的な説明です（松井他，1997）。しかし，本書で示すように，これらのプロセスのいくつかの部分は修正が必要になっています。具体的には，大気海洋成分は地球形成直後にはありませんでしたから，約44億年前になるまで，地球は大気を保持しなかったはずです。(本章「9. 地球形成の二段階モデル（ABELモデル）」にて詳述)。また，中心核の形成は，0.7地球半径になる以前に既にあったはずで，原始地球の直径が200 km程度に成長した時点で固体中心核が存在したでしょう。地球形成プロセスの詳細については，最新の研究結果に基づいて書き直されるべき時期になっています。

6. 系外惑星の質量と公転軌道半径

近年，太陽系の外側で，系外惑星が次々発見され始めました。惑星候補といわれているものまで含めると，系外惑星の数は現在4000個を超えています（2014年12月現在）。このような系外惑星の質量や軌道半径を見てみると，木星に匹敵するような大きさのガス惑星が，地球よりもさらに内側の中心星に近い側にたくさんあることがわかってきました。そういう惑星をホットジュピターと呼んでいますが，我々の太陽系とはずいぶん様相が違うということがわかっています。さらに，地球のサイズより何倍も大きいスーパーアースが見つかっています。しかも，スーパーアースの中心星のサイズは太陽と変わらないものまであります。こういったことはこれまでの惑星形成論のシナリオでは説明することが不可能で，今後の研究の課題となっています。

7. 太陽系の化学組成累帯構造

図5-4は太陽系の諸惑星が誕生する直前の化学組成を太陽からの距離に応じて示したものです。この原始円盤から，水星，地球，火星，木星などが誕生します。太陽から地球までの距離は1億5千万kmで，これを1天文単位（1AU）と呼びます。火星の外側には小惑星帯と呼ばれる領域があります。この領域は，2AUから5AUにおよび，数万個の大小さまざまな隕石や直径200 km程度の小天体があります。この小惑星帯に存在する小惑星の化学組成が望遠鏡と探査機によって調べられ，化学組成に違いがあることがわかってきました（DeMeo and Carry, 2014）。小惑星帯の中でも最内側にはエンスタタイトコンドライトと呼ばれる隕石があって，これは主にケイ酸塩鉱物と金属鉄を主成分とし，H_2Oや有機物や含水ケイ酸塩鉱物を持たない非常に還元的な隕石です。一方，小惑星帯の外側では炭素質コンドライトが多く見られ，このような隕石には揮発性物質や有機物が外側ほどより多く含まれています。つまり，小惑星帯では化学組成の累帯構造があると考えられます。こう

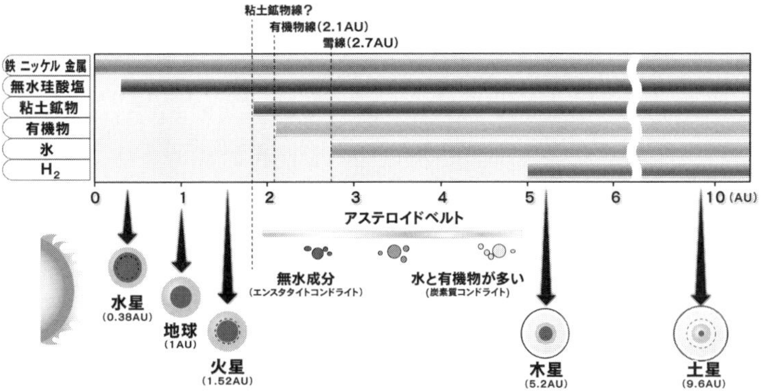

図5-4　太陽系惑星形成直前の化学累帯構造

いった化学組成累帯は，小惑星帯の領域のみならず，惑星形成以前の太陽系全体でもおそらく見られるはずで，**図5-4**では，太陽からの距離に応じて安定に存在できる鉱物とガスの種類が書いてあります。太陽が輝き始め，気体から鉱物ができて，鉱物から惑星が成長していきますが，惑星の化学組成は，その惑星が形成された場の組成累帯を反映していると考えられます，小惑星帯は，大きな惑星ができなかったために，微惑星や小惑星の破片が残っているので，小惑星帯の化学組成を調べれば，この領域のもともとの化学累帯構造が解明されるはずです（Kouchi et al, 2012）。

8. 地球の水の起源

さて，**図5-4**を見て気が付くことが一つあります。地球は1AUに位置していますが，その外側2.7AUのところにスノーライン（雪線）があります。スノーラインの内側は相対的に高温なので，気体のH_2Oしか存在しないことになりますが，水素や水蒸気は最も軽い物質であるために，太陽風で吹き飛ばされてしまっています。つまり，地球はもともと大気海洋をつくる可能性がない領域でできたことがわかります。ところが，実際には地球上には大気海洋があります。地球の水の起源はどこにあるのでしょうか。

地球の水がどこからやってきたのか，それには候補がいくつかあげられます。まず一つ目の候補は彗星です。彗星は，100AUより遠いところから太陽に向かってやってきますが，移動の途中で地球に落下すると地球に大気海洋成分が付加される，ということになります。二つ目の候補は小惑星帯の隕石です。隕石が落ちてくることによって大気海洋成分が付加されます。三つ目の候補には太陽大気が考えられます。太陽大気に存在する水素と地球の酸素が組み合わさって，地球に水がもたらされたとも考えることができます。四つ目の候補は，地球が雪線の外側から移動してきたとする説です。つまり，地球の形成された位置が雪線の外側で，そこでは大気海洋がある状態の地球が形成されます。後の時代になって，大気と海洋を持った地球がスノーラインの内側の現在の位置に移動してきたとする考え方です。

答えはこの四つのうちどれでしょう。

答えを導くために，まず，水素の同位体比の研究について簡単に説明しましょう。水素には三つの同位体が存在していて，それぞれ，軽水素，重水素，三重水素と呼ばれます。同位体というのは，原子番号は同じですが，質量が異なる原子のことで，中性子の数が異なります。

水の同位体のうち，重水素/水素比（D/H）を調べると，地球のD/Hと炭素質隕石のD/Hが非常に似た値であるということがわかっています。それに対して，ハレー彗星のような彗星が持つD/Hの値は地球の値より一桁小さく，さらに，太陽大気の水素のD/Hは桁違いに大きいことがわかりました。つまり，水素の同位体比によれば，地球の水の起源は炭素質隕石であり，彗星や太陽大気起源ではないといえることがわかります。

では，地球が雪線の外側から移動してきたという説はどうでしょうか。もし雪線の外側で地球ができたとすると，当然，大気海洋成分が存在しますから海洋に必要なH_2Oは供給されます。しかし，その量が問題です。炭素質コンドライトは多くの揮発性成分を含んでいるため，炭素質隕石で地球をつくると，表層にできる海洋は400 kmの厚さに達してしまいます。地球の海はわずか4 kmの厚さしかありません。つまりスノーラインの外側で惑星をつくったとしても現在の地球のような状態にはなりえないということになります。逆に，スノーラインを移動させて少量の水を地球に加えた後でスノーラインを外側に移動させるアイデア（Oka et al, 2011）がありますが，この場合も，地球の外側にある火星が膨大な量の水を持つことになり，現在の火星（少量の氷しかない）を説明できません。

D/H比の議論から，地球の水の起源は炭素質コンドライトであると考えられますが，一方では，2 *wt*%の水を持つ炭素質コンドライトから地球をつくると400 kmの海洋に覆われた地球になってしまうという矛盾が起こってしまうのです。

9. 地球形成の二段階モデル（ABELモデル）

炭素質隕石から地球をつくった場合に生じる矛盾を解消するアイデアは，隕石学者たちのある説から導かれました。

長い間隕石学者は，地球の上部マントルに含まれる白金族の元素の濃度を調べてきました。45.3億年前のジャイアントインパクトの後，地球が固化したことを考えると，白金族の元素はすべて核に入ったはずで，現在わかっているような上部マントルの白金族元素の濃度を説明することができません。これを説明するために，隕石学者たちは44億年前にかなりの量の隕石が地球に降ってきたと考えました。その時に白金族元素が付加されたため，現在の上部マントルの白金族元素の濃度を説明できるとしたのです。これは「Late Veneer説」と呼ばれています。

しかし，ここで考えてほしいのは，この時に隕石とともに降ってくるのは白金族元素だけではなく，大気海洋成分も含まれているということです。つまり，地球の海洋成分は地球ができたあと，どこか別のところから，つまり小惑星帯からやってきたと考えることができます。地球の水の起源は，このような考え方で説明できますが，では，固体地球の起源は何なのかということについて考えて見てみましょう。地球の起源物質は，隕石ですが，そのうちコンドリュールを持つ隕石は現在3種類に分類されていて，炭素質コンドライト，普通コンドライトとエンスタタイトコンドライトというものです（Carry 2012, DeMeo and Carry, 2014)。

地球の起源物質を議論する際には，元素の同位体を比較するという手法をとります。現在では7種類の元素同位体（O, N, Mo, Ni, Cr, Ti, Sr, Si）が調べられていますが，それらの同位体の特徴は，地球とエンスタタイトコンドライトでは一致します。普通コンドライトや炭素質コンドライトとは合いません。ちなみに，地球と月は起源が異なるといわれてきましたが，酸素同位体比の比較から起源が同じであるということも導かれます。地球と月の起源は同じであるということも導かれます。

つまり地球―月系の物質の起源は，エンスタタイトコンドライトだということになります。一方，大気・海洋物質の起源は炭素質コンドライトです。

上述したことを総合すると，地球の形成プロセスは次のように説明することができます。まず，エンスタタイトコンドライトによって，無大気・無海洋の地球―月系が形成され，そのあとで，炭素質コンドライトによって大気海洋成分が付加された，ということです。これが地球形成の2段階モデルです。私はこれをABELモデルと名付けました。英語ではAdvent of Bio-Element Landingと表現し，この頭文字をとってABELモデルとしました。「生命構成元素の降臨」という意味です。

10. ABELモデルを支持する観測事実

地球上には40億年より前の時代（冥王代）の岩石が残されていません。従って，地球が形成された45.3億年前の物質的な証拠を得ることが大変困難だということがわかると思います。しかし，ジルコンという非常に小さな鉱物の結晶が冥王代の地球を知る手がかりとして非常に有効です。ジルコンは鉱物の種類の一つですが，変質・変形作用に極めて強く，また非常に硬い鉱物です。そのために，後の時代に高温高圧の状態（1000℃以上，数百kb以上）に数億年という長時間さらされても，元の情報を失わないという特徴を持っています。従って冥王代の岩石はみつからなくても，それに含まれていたジルコンのかけらは見つけられる可能性があるということです。

これまでに発見されたジルコンで最も古いジルコンの年代は44億年前であることがわかっています（**図5-5**上）。同時にジルコンのセリウムの価数の比率を測定してプロットしてみると，ジルコンがマグマから晶出した時のマグマの酸化還元状態を見ることができます。(**図5-5**下)。

マントルがとけてマグマができて，ジルコンが結晶化する時に，そのマグマがどれくらい酸化的であったかどうかがわかります。この図で

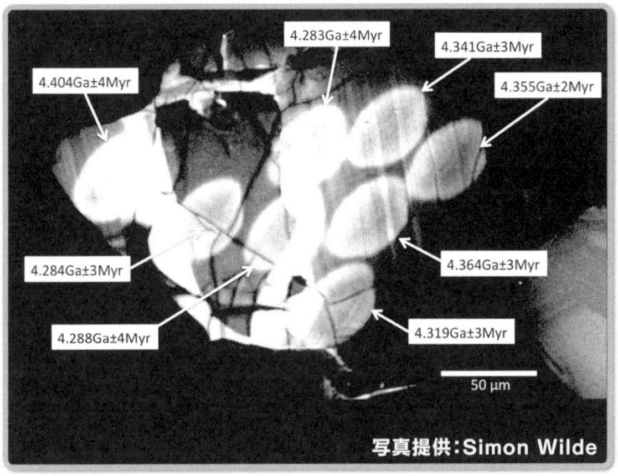

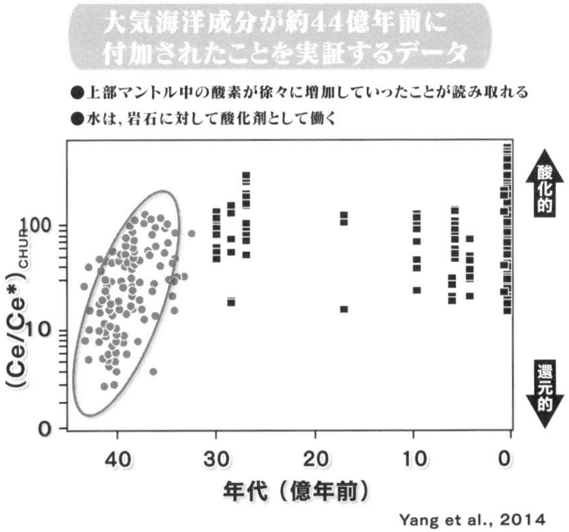

図5-5　冥王代ジルコン（上）の酸化還元状態の変化（下）

は，40億年より前は非常に還元的であったことがわかります。同時に，40億年前以降は次第に酸化的に変化していることがわかります。これが意味することは次の通りです。最初，45.3億年前ごろに，大気海洋成分を持たない裸の惑星ができて，非常に還元的な地球マントルができました。次に揮発性成分を含む隕石が地球に落下してきます。落下した瞬間に，衝突のエネルギーで隕石は蒸発します。一部はマントルを加水して酸化します。やがて，その表層にあった揮発性物質の温度が下がって海洋になります。そういうプロセスを経ながら炭素質隕石が撃ち込まれ，マントルは次第に水に富むようになりますが，隕石が落ちていないところはドライなままです。こういうドライなところでできたジルコンは還元的，加水されたところからできると酸化的ジルコンができることになります。マントルは対流しますから，時間とともに水和された部分がだんだんひろがっていきます。

引用文献

Carry B, 2012, Density of asteroids.Planet.Space Science 73, 98-118

DeMeo, F.E., Carry, B., 2014. Solar System evolution from compositional mapping of the asteroid belt.Nature 505, 629-634.

Hayashi, C., Nakazawa, K., Nakagawa, Y., 1985.Formation of the Solar System, In：Black, D.C., Matthews, M.S.（Eds.）, Protostars and Planets II.The University of Arizona Press, Tucson, pp.1100-1153.

Kouchi, A., Kudo, T., Nakano, H., Arakawa, M., Watanabe, N., Sirono, S.I., Higa, M., Maeno, N., 2002. Rapid growth of asteroids owing to very sticky interstellar organic grains.Astrophysical Journal 566, L121-L124.

Maruyama, S., Ikoma, M., Genda, H., Hirose, K., Yokoyama, T., Santosh, M., 2013. The naked planet Earth：Most essential pre-requisite for the origin and evolution of life.Geoscience Frontiers 4, 141-165.

Oka, A., Nakamoto, T., Ida, S., 2011. Evolution of snow line in optically thick protoplanetary disks：Effects of water ice opacity and dust grain size. Astrophysical Journal 738.

Rocha-Pinto, H.J., Maciel, W.J., Scalo, J., Flynn, C., 2000. Chemical enrichment and star formation in the Milky Way disk I.Sample description and chromospheric age-metallicity relation.Astronomy and Astrophysics 358, 850-868.

Yang, X., Gaillard, F., Scaillet, B., 2014. A relatively reduced Hadean continental crust and implications for the early atmosphere and crustal rheology. Earth and Planetary Science Letters 393, 210-219.

松井他，1997，岩波講座 地球惑星科学〈12〉比較惑星学，岩波書店

研究課題

1．スターバーストとは何か，スターバーストが起こると地球にどのような影響があるか把握しましょう。
2．地球の形成シナリオについて理解しましょう。
3．スノーライン（雪線），有機物線，粘土鉱物線について理解しましょう。
4．ABELモデルについて理解し，それを裏付ける証拠を把握しましょう。
5．コンドライトの種類について理解しましょう。

6 冥王代の地球と表層環境進化

丸山茂徳

はじめに

冥王代という時代は地球に記録が残っていない時代で，46－40億年前までの時代のことを言います。物的証拠である岩石や地層がないので，これまで，冥王代地球の詳細については語られてきませんでした。しかし，近年，多くの分野の研究者たちが冥王代の地球に興味をいだく時代になっています。その理由は，この時代に地球生命が誕生したらしいということが明らかになりつつあるからです。本章では，これまでの研究で明らかになった冥王代地球の概要を解説します。

《キーワード》 原初大陸，原始大気，猛毒海洋，多様な表層環境

1. 冥王代の地球表層環境の物的証拠

20世紀の終わり頃まで，冥王代地球に関する私たちの知識は，極めて乏しいものでした。宇宙から地球に落下した隕石，特にコンドライトから測定された年代は45.6億年前でしたが，地球最古の岩石が約40億年前という年代を示したために，地球誕生から約6億年の間の記録が地表に残されていないということがわかりました。

しかし，原始地球はマグマオーシャンで覆われたに違いないわけですから，原始地球表層にはマグマが固化してできた岩石や地層があったはずです。にもかかわらず，現在の表層にそれらの痕跡は残っていません。では，それは一体なぜかという疑問がでてきます。

21世紀になって，44億年前から40億年前の冥王代の時代の証拠が具体的にみつかりました。私たちの研究グループがカナダでの地質調査と年代分析を重ねた結果，アカスタ片麻岩とよばれる花こう岩を原岩とす

る変成岩の中に42億年前のジルコンの結晶が残っていることが発見されたのです。握り拳のサイズの花こう岩の中に，42億年前の年代を持つ非常に小さな1ミリメートル以下の小さなジルコンの結晶が残っているという事実は，42億年前の岩石が高温の変成作用を受けているものの，岩石として残存していることの証拠です。そして，岩石記録としてはこれが地球最古の物的証拠です。また，第5章で紹介したように，44億年前に遡る冥王代のジルコン結晶も多数発見されており，ジルコンの形成年代としては44億年前という時期が現時点（2015年6月）では最古であることがわかっています。

もう一つの重要な証拠は，1968年ごろに遡る月の地質の研究で明らかになってきた，月の表面に存在するアノーソサイトやKREEP玄武岩とよばれる岩石です。月はサイズが非常に小さいために，マグマオーシャンがすぐに固化したので，月の表面には非常に古い岩石が残されているのです。月の表面の岩石が固まった年代は約45.3億年前ということがわかっています。その岩石がアノーソサイトと呼ばれる特殊な岩石なのです。実は，アノーソサイトは地球にもかなり普遍的にあるのですが，地球で発見されるアノーソサイトは40億年よりも若い年代を示しており，冥王代のアノーソサイトはまだ発見されていません。

2. 地球形成モデル

冥王代の物的証拠がない状態で，研究者たちは地球形成のプロセスをどう考えたのか，ということを三つのモデルを紹介しながら解説していきましょう。

まず，一つ目のモデル（**図6-1** I）は，地球一月系が誕生した直後から，地球上には原初大陸や海洋，大気が存在していた，と考えるものです。原初大陸というのは，ジャイアントインパクトによって地球が全部とけたあと固化した時に，地球の表層に存在していた岩石のことで，アノーソサイト，コマチアイトという岩石や，カリウムやレアアース，遷移金属元素やリンが濃集した玄武岩質岩石（KREP玄武岩）から形成される大陸のことです。

ところが，多くの科学者はそのようには考えていません。それが，二つ目のモデル（**図6-1** Ⅱ）にあるように，地球誕生直後には原初大陸は存在していなかったというモデルです。彼らは，月の表面にあるようなアノーソサイトやKREEP玄武岩からなる大陸は存在せず，普通のコマチアイト地殻が存在していた，と主張しました。

これら二つのモデルに対して，我々が考えているのは，三つ目のABELモデル，地球の二段階形成モデルです（**図6-1** Ⅲ）。地球はまず最初，45.3億年前にジャイアントインパクトによって月と同様に芯まで完全にとけました。そしてその直後，45.3億年前ころまでに表層にアノーソサイト的原初大陸とKREEP玄武岩ができ，そして，44億年前になって，木星の重力散乱によって地球と月に生命の主要構成元素である大気・海洋成分がもたらされました。そうして，付加した原始大気の温度が冷却するとともに海が生まれました。月はサイズが小さすぎたために，付加された海洋・大気成分は月の表面にとどまることができず宇宙空間に飛散したと考えられます。

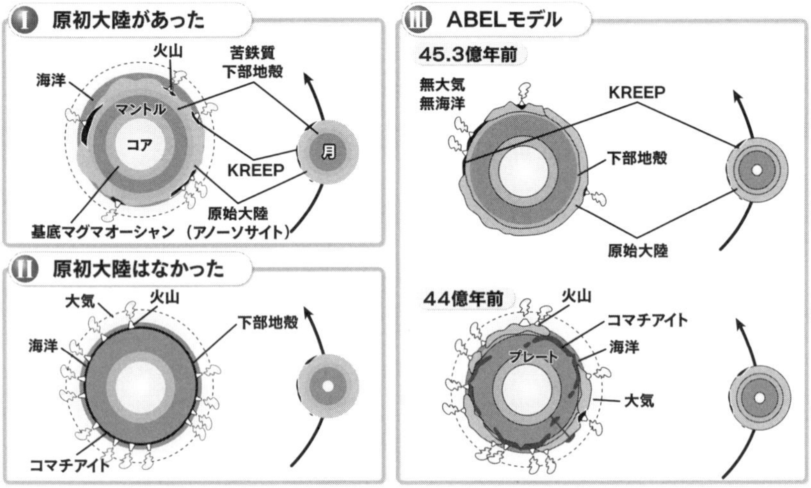

図6-1　地球形成モデルの諸説（→口絵 p.3）

（1）　初期表層環境進化：液体の水の出現

では，裸の岩石惑星「地球」に大気海洋成分が付加された後，高温の地球で，大気海洋はどのように進化していったのでしょうか？

水は，われわれが生活しているような常温では，通常，液体という形で存在しますが，高温になると気体，つまり水蒸気として存在し，低温になると固体，つまり氷になります。

218気圧，374℃は水の臨界点で，この温度ー圧力を越えたところでは，超臨界という状態になり，液体と気体という区別がつかなくなります。地球はマグマオーシャンのあと次第に冷却しますが，それでもまだ十分に高温だったので，最初生まれた液体の温度は374℃の高温の海だったはずです。そこからさらに温度が下がると，液体の水と気体の水蒸気に分かれます。このような物理的な知識に基づいて，大気・海洋成分がどのように進化していったかを以下に解説していきます。

（2）　初期表層環境進化：原始大気と原始海洋

44億年前，地球の表層に厚い原始大気が生まれた時，その大気圧は400気圧に近い非常に厚い大気で，しかもCO_2が100気圧くらいあったと推定されています。このような状態から大気が徐々に冷却していく状況を考えてみましょう。

地球の冷却に伴って上空から次第に冷えてくると，まず始めに山の一番高いところに液体の水が安定になり，湖が生まれます。これは，水蒸気と液体の水との状態の境界線が山の頂上部の高度と交差したということを意味します。地球表層の冷却とともに，この境界線は次第に山のふもとに降りてくるようになります。すると，冷却に伴って生じた液体の水は，地球の表層の地形的にへこんだところにたまるようになります。これが海洋の誕生ということになります。

一方，誕生直後の固体地球内部はまだ非常に高温ですから，マントルの底には，石がとけて液体になった状態の部分が存在します。この部分を基底マグマオーシャンと呼びます。表層では高温のマントルのために，対流運動が起きて，そして疑似的なプレートテクトニクスが起きたはずです。疑似的というのは，例えば，現在のハワイの溶岩湖で起きているような対流が起こっていることを意味しています。上盤側のプレートも下盤側のプレートも両方沈みこむというような状態のことです。このような対流では，プレートが沈みこんだ場所で富士山のような火山ができるようなこともなかったはずです。

海洋が地表をおおうと，プレートの表面温度は少なくとも374℃以下になり，地表は剛体になり，断層が生まれます。温度の低下とともに，プレートの表層に水を含む鉱物が安定になって，沈み込むスラブの表層には脱水分解反応によって流体が生まれ，それは境界が滑るための潤滑油の働きをするようになります。この段階で初めて，疑似プレートテクトニクスはプレートテクトニクスに移行します。このようにして，プレート運動が始まったと考えられます。

では，その時期は一体いつ頃だったのでしょうか。地球の記録を調べていくと，実は44億年前のジルコンの結晶の内部に証拠があることがわかりました（**第5章 図5-5**）。ジルコンは結晶化した時のホストマグマの組成を残しています。この44億年前のジルコンが結晶化したときのマグマは，沈み込み帯でできる安山岩マグマだということがわかっています。つまり当時地球にはすでに沈み込み運動があったということですから，地球におけるプレート運動の開始は44億年前に遡るということを示唆しています。

（3） 初期表層環境進化：大気中のCO_2の固定

さて，原始大気の冷却とともに，原始海洋が誕生し，プレート運動が始まったとしても，実は，CO_2が大気にまだたっぷりあります（Sleep and Zahnle, 2002；Zahnle et al, 2007）。海洋にとけ込むCO_2を考慮しても，35気圧以上のCO_2が大気にあったはずです。このCO_2をマントルに除去しない限り，CO_2の温室効果によって地球の海洋の温度は下がりません。そこで，地球の海洋が冷却するプロセスとして考えられるのは，原始大気100気圧のCO_2大気を海洋に融解させて，中央海嶺での熱水活動に伴う岩石—水相互作用によってプレート表層に$CaCO_3$などの炭酸塩鉱物としてCO_2を固定し，プレート運動によって海溝からマントルにCO_2を運ぶ，というプロセスです。

ところが問題は海洋のpHです。実は海水が極端に酸性であると，炭酸塩鉱物は仮にできたとしてもすぐにとけてしまいます。たとえば石灰岩に塩酸や硫酸をかけると，石灰岩はとけてCO_2のガスと消石灰（CaO）になります。大気のCO_2をマントルに運ぶためには中央海嶺で炭酸塩鉱物をつくらなくてはなりませんが，海水が酸性であるうちはその反応が進行しません。原初大陸が生まれたときの原始海洋は強酸性であったということが隕石の化学組成と溶融実験から示唆されていますから，強酸性であった原始海洋を短期間にどのようにして中性化するかということが鍵になります。

（4）　初期表層環境進化：強酸性の猛毒海洋を中性化する方法

実は，強酸性を中和するには，広大な陸地があったとすると，大変に都合がよいのです。岩石は基本的には中性だと考えてよいので，陸地の岩石と海水の反応が継続すれば徐々に中性に近づきます。しかし，それには時間がかかります。

ここで，岩石と水の相互作用がどれくらいパワフルな反応であるかを簡単に説明することにしましょう。まず1 km四方のサイコロのような石を想像してください（**図6-2**左）。このサイコロの石を原始海洋につけると表面でだけ反応が起きます。この場合，粘土ができるわけですが，1ミクロンの厚さの粘土が表層を覆うだけで，それより内側の岩石は反応しません。反応がほとんどストップしてしまうのです。反応を促進させるには，粘土層を次々と引きはがす流体の運動が必要です。これが，現在の中央海嶺で起きている熱水循環変質作用です（**図6-2**中）。マントルから上昇してくる対流のために表層には割れ目ができます。その割れ目に熱水がしみこむと，粘土ができます。同時に下からくるマグマの熱がありますから沸騰します。そういうプロセスを通じて熱水が循環し，地表に水と粘土がでてきます。こういうプロセスでは，左の図の反応にくらべて100万倍の効果があります。しかし，最も効率がいいのは，図の一番右側に書いてあるように，地表の風化・侵食・運搬作用です。これは，中央の場合の反応よりも，さらに100万倍以上の効果を持っています。大きな陸地があると，風化，侵食，運搬作用を通して，岩石が岩片から最終的には海洋に届くころには数ミクロンサイズの微粒子になっていきます（Arai et al, 2015；Komiya et al, 2002)。そういうプロセスで数ミクロンサイズの小さな粒子にまで岩体が細かく分割されると，水と反応する表面積の総量が桁違いに増えます。これが，海洋を中性化するための最も重要な過程になります。こうして海洋が中性化すると，原始大気のCO_2を急激に減少させることが可能になります。つまり巨大な陸地の存在が非常に重要であるということを意味しています。

わたしたちの研究チームの研究によれば，大気中のCO_2の量は，38億年前にすでに数気圧以下であったということが推定されています。しかし，もともと100気圧近かったCO_2が最初の4億年の間にどのようなメカニズムで急激に下がったかということが問題です。巨大な原初大陸が存在すれば海洋の中性化が可能だということは定性的にわかっていますが，実験や測定によって具体的にどれくらいの大きさの陸地が必要であったかを議論するのは今後の課題になっています。

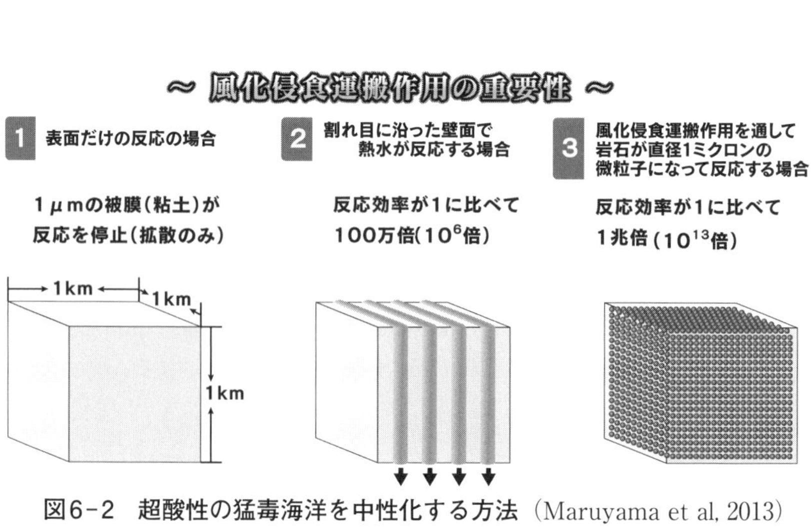

図6-2　超酸性の猛毒海洋を中性化する方法（Maruyama et al, 2013）

3. プレートの沈み込みによるCO_2のマントルへの運搬と固定

さて，大気中にあった二酸化炭素を炭酸塩鉱物としてプレートに固定しても，これで問題が解決したかというとそうではありません。中央海嶺で固定した炭酸塩鉱物はプレート運動によってマントルに運ばれるわけですが，プレートが沈み込む場所の温度によっては，炭酸塩鉱物をそのままマントルに運ぶことができないのです。

図6-3は，横軸が温度，縦軸が圧力を示し，縦軸の圧力は深さに対応しています。現在の地殻で，約35 kmの深さの圧力が図中のモホ面の線にあたります。地球の表層1気圧は原点に近いところに対応します。図中の線Xは炭酸塩鉱物が融解する温度圧力を示しています。つまりこの線より高温側だと，炭酸塩鉱物は全部融解してガスになって地表にでてきます。つまり，プレートによってCO_2をマントルに運べないということを意味します。従って，CO_2をマントルに運ぶ安定領域はこの線より低温側（左側）にあるということがわかります。

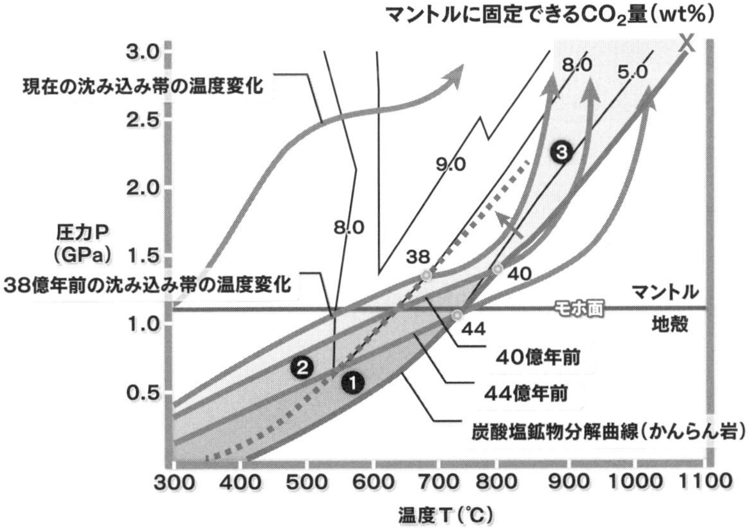

図6-3　プレートの沈み込みによるCO_2の運搬機構と時間の制約

一方，例えば，モホ面深度のスラブ温度がどれくらいかを調べてみると，現在の地球ではだいたい300℃ですが，38億年前の場合だと550℃前後であったことが，私たちが行ったグリーンランド・イスア地域の研究からわかっています（Arai et al, 2015；Komiya et al, 2002）。地球は時間とともに冷却しているので，38億年前よりも古い冥王代の時代には，プレートが沈み込む上面の地温勾配はもっと高温側にあったに違いありません。そのようにして描かれた模式的な曲線が，40億年前と44億年前の曲線です。

CO_2を炭酸塩鉱物として固定できる領域は44億年前は非常に狭い領域（❶）で大陸地殻の下部に限られますから，マントルへCO_2を運べません。40億年前になると少しだけマントルに運べるようになります（❷）。38億年前になると❸の領域に広がって，マントルにCO_2を運べるようになります。つまり，時間とともに沈み込み帯の温度が下がってくれば，大量のCO_2をマントルに固定することが可能になります。ところがもう一方では，炭酸塩鉱物がガスになる境界の温度が下がります。その理由は，沈み込むプレートの表層がコマチアイト質から玄武岩質の岩石に変わるからです。38億年前のプレート表層の岩石（中央海嶺でできるマグマ）は玄武岩です（Komiya et al, 1999）。ですから，38億年前にマントルに運べるCO_2の量がさらに少なくなります。従って，プレートの沈み込みによってマントルにCO_2を運ぶというのは非常に短期間に進んだはずであるということが示唆されます。つまり，条件が少し違うだけで，地球は金星化し生命の誕生はなかったと考えられます。

4. いつから太陽光を使えるようになったのか？

冥王代の地球は非常に厚い大気に覆われていました。時間がたつにつれて，大気中の二酸化炭素はプレートに炭酸塩岩として固定され，それらがやがてプレートテクトニクスによってマントルへ運び去られたために，地球表層環境は，現在のような太陽光が降り注ぐ場になりました。つまり，逆にいえることは，厚い大気に包まれた冥王代の地球表層は太陽光の届かない真っ暗闇の環境であったと考えられるということです。

海洋のpHが徐々に中性化していき，大気中の二酸化炭素が減少していった最後の1億年か2億年くらいに太陽の利用がまずは長波長のほうから利用可能になっていったはずです。文明を持つ惑星への進化が，CO_2の絶妙な除去にあることがわかると思います。

5. 冥王代の表層環境の多様性：自然地理と表層地質

次に冥王代の表層環境の多様性を解説しましょう。**図6-4**は，推定される冥王代の表層環境（左側）が描かれています。もし，原始海洋が10 kmより厚かったとすると，**図6-4**右のように地球は宇宙から見ても，非常に単純な多様性の全くない海惑星になります。また，大気が厚いと，北極と赤道の温度差がなくなり，温度においても極めて単純な惑星になります。そうすると，生命を誕生させるに至る前駆的化学進化が困難になります。地球は実に幸運にも，厚い大気が急激に薄くなり，さらに，表層環境に広大な陸地がありました。もし陸地があると何が起きるかというのが**図6-4**左です。これは44億年前，海洋が生まれた直後の地球の想像図ですが，月の地質を参考に当時の表層環境を推定しています。海水の量は非常に少なく，海洋の深さは4 km ± 1 kmだったと考えられます。そして，その絶妙な海洋量によって，地球表層には広大な大陸がありました。

大気圧がどんどん下がって，表層の温度が下がってくると，緯度方向に大きな温度差ができ，北極と南極には氷床ができ，高度差による温度変化のために，山の高いところでは山岳氷河ができます。さらに巨大陸地があると，大陸内部に水蒸気を運ぶのが難しくなってくるので中緯度に砂漠ができます。一方，大陸が割れて分裂・衝突をすると山脈ができます。陸地の内部には湖ができ，湖がある限り湿地帯もできたはずです。そのような場は，強酸で猛毒の海とは裏腹に，生命進化に重要な役割を果たしたと考えられます。

さらにもう一つ重要なのは，河の上流，あるいは湖周辺の地質は湖ご

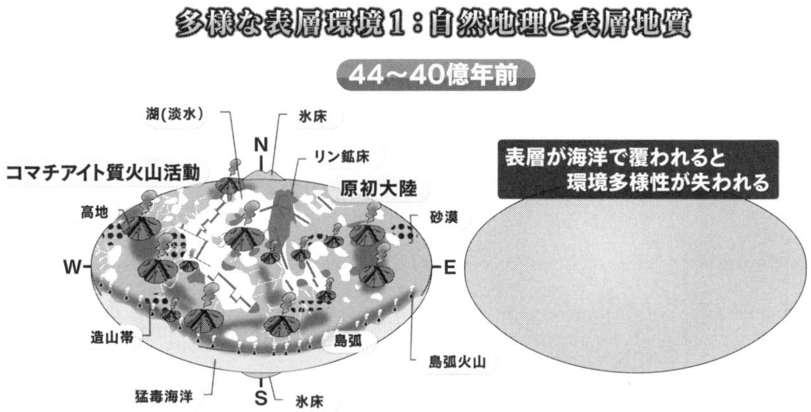

図6-4　多様な表層環境1：自然地理と表層環境（→口絵 p.4）

とに違うので，湖や沼の化学組成はそれぞれ異なるはずです。つまり，KREEP玄武岩，コマチアイト，原初大陸のアノーソサイト，リンの特殊な化合物や，ウラン鉱床など，多様な地質環境によって，地球の表層は無限といってよいくらいの多様な表層環境が生まれたと考えられます。CO_2に富む厚い大気は強烈なスーパーハリケーンを生み，激しい風化・侵食・運搬作用の原因となったでしょう。

6. 多様な表層環境：動的な変化

多様な表層環境は時間とともにさらに変化していきます（**図6-5**）。プレートの運動が始まると，大陸の分裂が起き，表層環境は動的に変化します。また，マントルプルームが上昇すると地表が2 kmも持ち上がります。一方，プレートが沈み込むような場所では，平均から数kmに及ぶ地形的なへこみが生まれ，そこに海溝ができます。大陸が割れ，水平方向に移動し，衝突すると，そこでは，たとえばヒマラヤのような巨大な褶曲山脈ができて，地形的に10 kmも高いところにさらされることになります。つまり，同じ場所でも時間とともに，動的に環境が変わるということです。もう一つ，注目したいのは，大陸はいったん生まれれ

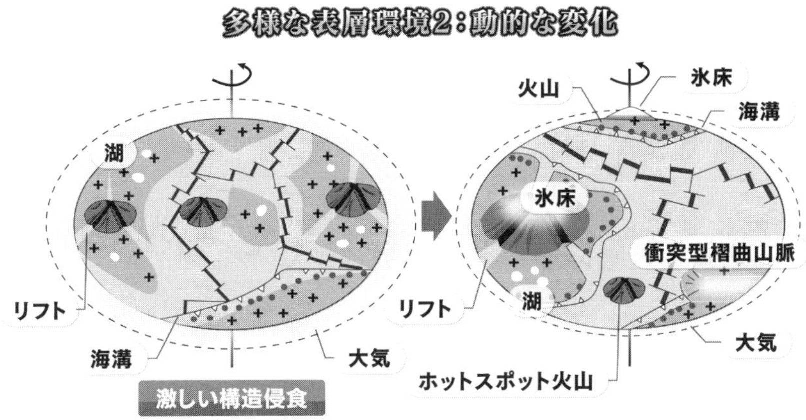

図6-5　多様な表層環境2：動的な変化（→口絵 p.4）

ばずっとそこにあるかいうと，そうではないことです。軽い花こう岩質，あるいはアノーソサイト的岩体であってもプレートの沈み込みによって，激しい構造侵食が進んで，破壊され，プレートとともにマントル深部に運ばれます。冥王代の原初大陸が現在の地球表層に残されていないのは，そのような激しい構造侵食が原因です。

7. 多様な表層環境：地球外要因と高速自転

ここまで，地球の表層環境の話をしました。最後に，地球の外側の環境を要約しましょう。月はジャイアントインパクト直後は地球に非常に近くて，1日5時間で地球のまわりを公転していました。月は毎年4 cmのスピードで現在も地球から遠ざかっています。月と地球の距離は現在38万kmですが，当時は約10万kmのところに月は存在したはずです。月が近いということは同時に地球の表層の潮の満ち引きに猛烈な影響を与えたはずで，潮の干満の差が現在よりはるかに大きかったということがいえます。それは内陸の湖，たとえば琵琶湖サイズの湖でも5時間毎に数mの干潮満潮の差を生んだことを意味します。また，原始太陽は今とずいぶん違っています。太陽の輝度は現在の70 %程度で，「暗い太陽」でした。しかし低波長のX線やガンマ線は猛烈で，強烈な紫外線が冥王代後半には地球表層に注いでいたはずです。これらの地球表層の外的な条件が生命の誕生に至る前駆的化学進化に非常に大きな影響を与えたに違いありません。

8. 多様な表層環境と時間変化

最後に表層環境の時間変化を要約します。大気と海洋は，地球誕生後の数億年の間に非常に大きく変化しました。それは100気圧を占めていた大気中のCO_2が，プレート運動の開始によって固体地球のマントルの中に運び込まれ始めたからです。CO_2を大気から除去することによって初めて，太陽の光を地表から見ることが可能になりました。別の言い方をすれば，生物が使える太陽エネルギーが初めて地球表層に届くようになったということです。大気が非常に厚いと，CO_2を中心とする大気の場合，地表は真っ暗闇で，太陽は見えません。つまり，地球表層は暗黒であったに違いないと考えられるのです。大気中のCO_2が少なくなってくると，次第に空が晴れて，白々と明るくなり始め，やがてくっきりと太陽が見えるようになったことを意味します。そういう時代になって初めて，前駆的化学進化と呼ばれる，生命に至る進化の途中において，太陽エネルギーを定常的に利用できるようになったということになります。

引用文献

Arai, T., Omori, S., Komiya, T., Maruyama, S., 2015.Intermediate P/T-type regional metamorphism of the Isua Supracrustal Belt, southern west Greenland : The oldest Pacific-type orogenic belt ? Tectonophysics.In press

Komiya, T., Hayashi, M., Maruyama, S., Yurimoto, H., 2002.Intermediate-P/T type Archean metamorphism of the Isua supracrustal belt : Implications for secular change of geothermal gradients at subduction zones and for Archean plate tectonics.American Journal of Science 302, 806-826.

Komiya, T., Maruyama, S., Masuda, T., Nohda, S., Hayashi, M., Okamoto, K., 1999. Plate Tectonics at 3.8-3.7 Ga : Field Evidence from the Isua Accretionary Complex, Southern West Greenland.Journal of Geology 107, 515-554.

Maruyama, S., Ikoma, M., Genda, H., Hirose, K., Yokoyama, T., Santosh, M., 2013. The naked planet Earth : Most essential pre-requisite for the origin and evolution of life.Geoscience Frontiers 4, 141-165.

Sleep, N.H., Zahnle, K., 2001. Carbon dioxide cycling and implications for climate on ancient Earth.Journal of Geophysical Research-Planets 106, 1373-1399.

Zahnle, K., Arndt, N., Cockell, C.S., Halliday, A., Nisbet, E., Selsis, F., Sleep, N.H., 2007. Emergence of a habitable planet.Space Science Reviews 129, 35-78.

研究課題

1. 最も効率のよい岩石ー水相互作用について理解しましょう。
2. 地球が金星とは異なる惑星進化の過程を進んだ背景について考えてみましょう。
3. 地球表層環境の多様性がいかに生命進化に重要だったのか考えてみましょう。
4. 冥王代地球の表層環境が現在の地球の表層環境とどれぐらい異なっているかまとめてみましょう。

7 生命の誕生

丸山茂徳

はじめに

地球の誕生後，最初の6億年の間，冥王代と呼ばれる時代の間に表層環境が大きく変化し，生命誕生の場が用意されました。そこでは，生命が誕生するまでのプロセスである前駆的化学進化が進みました。前駆的化学進化というのは，非常に長い，億年単位の時間をかけて非常に複雑な有機物をつくっていったプロセスのことです。そのようなプロセスを経たあと，いよいよ生命が誕生しますが，冥王代の環境を知る手がかりとなる物的証拠が地球上に残されていないために，生命がどのような場で誕生したのかについては謎に包まれていました。ここでは，近年の研究によって明らかになってきた生命の誕生場について解説します。

《キーワード》 ハビタブルトリニティ，前駆的化学進化，生命構成単位（ビルディングブロック），間欠泉モデル

1. 神秘的な時代から実証的な研究の時代へ

生命の起源への興味は，2000年前以前に遡りますが，議論が神秘的な時代から実証的な科学研究への転換点になった記念碑的な研究は，ユーリ・ミラーの実験（Miller, 1953）に始まります。ユーリ・ミラーの実験とは，無機物質からアミノ酸を実験合成してみせた有名な実験で，この実験における重要なポイントは，非常に還元的な大気を用意したことです。この実験では，還元的なガスに電気的エネルギーを与えてやることによって，アミノ酸や，さらに簡単なタンパク質まで簡単に合成することが可能であることを示しました。この実験のヒントは，その時代に既に先行していたオパーリンによる生命の起源の研究があります。オパーリンは簡単なアミノ酸からもっと複雑な有機物をつくるため

には，乾湿が反復して起こる場，つまり，一日の半分が陸になって，残り半分が浅い海になるような，いわゆる潮間帯において，アミノ酸の脱水・加水反応が進んでいくことを知っていました。つまり，干潟は，高分子のタンパク質をつくるのに非常に都合がいいというのがオパーリンの説で，これを干潟説（Oparim, 1957）と呼びます。

オパーリンの干潟説の他にも，生命誕生場の議論には諸説があります。オパーリンの干潟説で述べたような乾湿反復の場以外にも候補地があります。生命誕生場には局所的な還元場が必要であることから，還元的なガスである水素が発生することがわかっている深海熱水起源説というものが近年言われるようになりました。あるいは，生命や生命起源物質は宇宙からやってきたとするアレニウスのパンスペルミア説，また，それは火星経由で地球にやってきたとする火星説もあります。しかし，本章で述べるように，最も有力だと考えざるをえないのは，われわれが提唱している原初大陸上説で，生命の誕生は，原初大陸上に形成される網の目状につながった多様な表層環境で進行したとするもので，その中でも特に重要な場所が間欠泉です。

本章では，実験や観察に基づいて，現在の地球にはないが，地球誕生当初に表層に存在したと考えられる原初大陸の上で生物が生まれたという話を中心に議論を進めていきます。

2. 生命とは何か（1）

まず最初に「生命とはなにか」という定義から始めなければなりません。**図7-1**の縦軸は，非常に簡単な無機物質，たとえばCO_2やH_2Oといったようなものから，次第に複雑な有機化合物が下から上に向かって順番に五つの段階に分けて示されています。第一段階は，メタンガスやアンモニアで，第二段階がアミノ酸，これは分子量で言うと10の2乗のオーダーです。次の第三段階は，簡単なタンパクから複雑なタンパク質へ進むプロセスで，分子量が10の3乗です。第4段階が，RNAと呼ばれるもので，それ自身がタンパク質をつくる能力を持つような有機化合物です。RNAがだいたい10の5乗（10万），その次の第5段階が最初の遺伝子をもつ，自己複製できる遺伝子となるDNAですが，そういう高分子化合物は簡単な微生物の大腸菌で10の9乗（10億）オーダーになります。従ってDNAに到達するまでの壁は非常に大きいということがわかります。

さて「生物とは何か」というと，三つの巨大分子で特徴づけられます。一つは糖，エネルギーを出す燃料で，炭素を中心とした巨大な高分子です。二つめは，核酸，これは代謝をつかさどり，特にリンやそれと対をなすカリウムが特徴的な高分子有機化合物です。三つめは，自己複製をする遺伝子をつくるベースになっている塩基対を中核にした高分子化合物で，窒素を中心とした高分子有機化合物です。これら三つの巨大分子が一つの膜でかこまれ，外界としきられて，外界から必要な水や栄養素を取り入れて，そして不要な物質を外に出す，という機能を有したものが生命であるということができます。

この段階的な高分子有機化合物の合成は宇宙空間ではどのくらい進み，どこまでの高分子が存在するかということが調べられています。宇宙の分子雲の電波観測によるとアミノ酸レベルまで到達していないこと

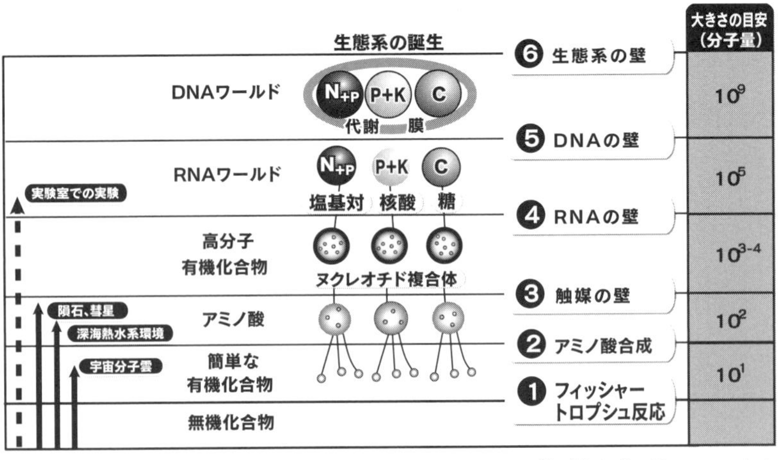

Modified after Maruyama et al., 2013

図7-1　生命とはなにか

がわかっています。深海の熱水系では，簡単なタンパク質のレベルにすら到達していません。一方，隕石や太陽系内の星間物質には，ごく一部に簡単なタンパクまで存在するということがわかっています。さらに実験室では，一部は，自己分子と同じものをつくり出す機能をもつリボザイム（RNA ワールド）まで合成されています。しかしまだ生命の合成レベルへは到達していません。

■Habitable Trinity モデル

生命とは何かということを議論するためには，生命をつくっている元素を考えることから始まりますが，生命の主要構成元素であるC, H, O, Nだけでは生物をつくることはできません。そのほかに，リンやカリウムを始めとする20の金属元素が必要です。それらは岩石から供給されます。CとNが大気から供給されるのとは異なります。これらの三つの成分がつねに供給される三重点（陸地と大気と海洋が接する場所）のような場で生命は生まれたはずです。毎日私たちが食事をして生きながらえているように，微生物の誕生には定常的に必要な物質を循環し供給するシステムが必要です。それが大気・海洋・陸地の共存と，生命構成元素を循環させているエンジンとなる太陽の役割です。このような環境をハビタブルトリニティと呼びます（Dohm and Maruyama, 2015）（**図**

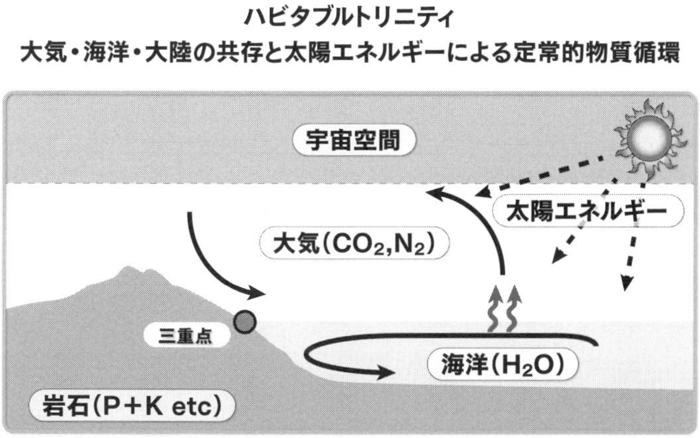

図7-2　ハビタブルトリニティ条件（Dohm and Maruyama, 2015）

7-2)。大気・海洋・陸地の三つが共存することが特に重要ですが，さらにエネルギーの定常的供給によって物質が循環することが重要です。

3. 生命とは何か（2）

さて，それで生命のすべてが説明されたかというとそうではありません。実は生物学者は長い間，生命とは何かということを議論する時に，膜・代謝・自己複製の三つを生命の定義としてきました。これは生物学の常識です。しかし，もう少し深く踏み込んでさらに重要なポイントをもう一つ加えます。実は生きているということは化学反応が生物体の中で常時進行しているということです。化学反応が途切れることなく，しかも，多種多様で複雑な有機物を中心とした無数の反応が進み，そして，できた反応物がすぐ別の物質にかわっていきます。それをラジカルということばで説明します。そういうラジカルやイオン反応によって，次から次へと別の物質が生まれ，反応が続いていくという「連鎖反応」が生命の本質であることがわかります。地球生命はC, H, O, Nの四つの元素を主体としますが，これらの組み合わせだけによって，無限大に近い巨大分子の有機物をつくることができます。

では，これら4元素の組み合わせの他に無数の連鎖反応を可能にするような組み合わせはあるでしょうか？　たとえば，周期律表をみると，炭素に代わる元素として，同族にシリコンがあります。では，Cに代わってSiを中心とした生物が可能かというと不可能です。Siを中心とする化合物はケイ酸塩鉱物と呼ばれますが，これらは種類が非常に限られていて，水が安定な領域では100におよびません。従って，ケイ素が炭素を完全に置き換えるような無数の化合物ができるかというと，これは不可能です。

生命誕生に至る前駆的化学進化が始まるときには，どのような物質が必要になるのかを考えてみましょう。

重要なことは，一般論として，安定領域が極端に違う二つの物質をいっしょにしておくと，猛烈な反応が始まるということです。生命を定義する重要な化学反応である代謝反応を考えてみましょう。生命現象の本質は有機化学反応の連鎖であって，代謝反応の開始には二つの端成分である非常に酸化的な水と，非常に還元的なシュライバサイト（Fe_3P）の混合が必要であり，その二つが接触したことから始原的な代謝反応が始まり，その反応は複雑化の一途をたどります。これは，40億年を越えて，現在のわたしたちの体の中でも代謝反応が起きています。

地球は，無大気・無海洋の状態で45.6億年前にマグマオーシャンに覆われて生まれ，表層は45.3億年前までに固化し，その1億年後に大気と海洋の付加が起きたことを前章で解説しました。地球の表層ではマグマオーシャンが固まったあとにFe_3Pという鉱物がごく普遍的にしかも大量に鉱床として存在したはずです。44億年前になって，海が誕生すると，Fe_3Pは水と非常に激しく猛烈に反応して，それを契機に複雑で多種多様な高分子有機化合物が生まれたでしょう。生命合成反応がこのときに始まったということになります。

4．生命構成単位

生きている生物を構成している有機化合物は実に種類が多く，しかも非常に複雑です。分子量は非常に大きく，1億とか10億という単位になります。遺伝子になるとそういう単位になると想像してください。一方アミノ酸は分子量にして100程度です。このことからも，生命を1億年以内の短時間にいきなりつくるというのは無理です。少しずつ，簡単な有機物から複雑な有機化合物ができていきます。そういう複雑な化合物ができることを前駆的化学進化と呼びます。イメージとしては，ねじやばねなどの，小さな部品からエンジンができ，あるいは車を操作する部品ができていき，最終的には1台の車ができるような車の組み立て過程と同じであると思えばよいでしょう。ねじに始まり，1万個の部品の集合体が車なのです。生命とは完成品の車のようなものです。

生命の誕生に至るには，出発物質として大気と海洋を構成するCO_2，N_2，H_2Oが必要です。水とコマチアイトが化学反応を起こして水素ガスやアンモニアガスができ，超還元的な場の下でアミノ酸が合成されます。アミノ酸からもっと複雑なタンパク質，さらに複雑な酵素や回路リボザイムが合成され，そして最後に一つの細胞で一つの生物という原始生命ができます。**図7-3**の一番上の列は膜，二つ目は代謝，三つ目は自己複製で，それぞれが非常に簡単な有機物から次第に複雑になっていく様子を，3列に表現してあります。そして一番最後にこういう複雑なものが少なくとも一つの細胞膜の中に全部組み入れられて最初の生物（最終的な完成品）になるというプロセスが待っていたはずです。

一番上の列は膜がどのようにしてできるのかということを描いてあります。脂肪酸の合成から始まって，より複雑な膜の構造ができあがっていきます。2番目の列は，簡単な有機分子のアミノ酸で，結晶構造の違いに基づいて，A，Gというように表現してあります。これらが組み合わさって，より大きな分子になって，タンパク質になり，それらが反応してもっと大きな分子である酵素をつくります。同じように第3列の自己複製も同じで，簡単な核酸塩基から非常に複雑な有機物であるRNAまで成長すると自分と同じタンパク質をつくり出すことができます。自己複製をするリボザイムのような複雑なタンパク質が生まれます。このような生命構成単位を生命のBuilding Blockと呼んでいます。

これまでになされてきた実験で，生物学者が複雑な有機化合物をどこまで合成したかということをこの図では矢印で表現してあります。これまでにほとんどすべてのアミノ酸が合成されています。それから，もっと複雑な重合体レベルの原始タンパク質もほとんど合成され，酵素もかなりのものはすでにつくられています。リボザイムと呼ばれる自己複製可能なRNAのいくつかも合成されています。そして，膜も自己分裂できるかどうかというレベルまで合成実験が進んでいます。ただし，最初の細胞の合成はできていません。これが，RNAとDNA（生命をつくる超複雑な遺伝子プログラム）の巨大な壁です。以上は生命の誕生に至る簡単な反応，簡単なものから複雑なものをつくるボトムアップ型の研究です。

ここで，一つの重大な問題を指摘したいと思います。多くの人は，試験管の中に水を入れて，ここに炭素と窒素を加え放っておくとそのうち

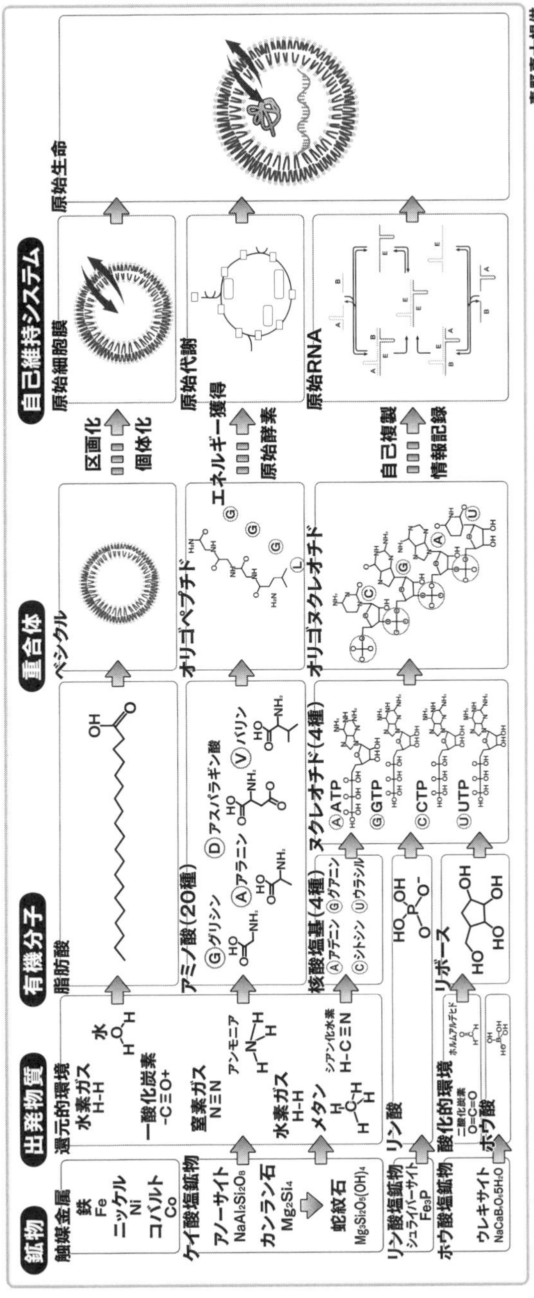

青野真士提供

図7-3　生命構成単位

生物が誕生すると思っているようです。しかし，それは間違いです。生命構成単位のアミノ酸をつくるミラーの実験を考えると自明ですが，反応式の左辺に還元的な化学物質が必要になります。一方，リボースをつくる反応は酸化的な環境で起こります。つまりこれら二つはお互いに矛盾する反応場を示していることになります。そのほかにもすでになされた合成実験で反応式の左辺の物質や触媒を考えると互いに矛盾する実験がかなりあります。冥王代の表層環境は前章で説明しましたが，非常に酸化的な場から還元的な場が無数にありました。さらに，材料物質も無限に近い種類が存在したはずです。それぞれ異なった場で生命誕生に必要な無数のBuilding Blocksがつくられ，それらが合流して，さらに高次の反応生成物をつくったでしょう。こうして，前駆的化学進化が進行したのです。

では生命誕生に至った冥王代表層環境はどのような場だったのか見てみましょう。44億年前の大気・海洋誕生後の地球はまだ分厚い大気に覆われていたために，太陽エネルギーは地表には届かなかったと考えられます。やがて，厚い大気が晴れると，海洋が生まれました。大気圧が数気圧に下がると，表層環境は多様になっていきます。原初大陸上には湖，山脈，氷床などが形成され，様々な地質の後背地からもたさられる多様な化学物質によって，無数の環境が存在していたはずです。

これを可能にするためには広大な陸地の出現が必要で，そのためには初期海洋質量が極めて狭い範囲にあったことが必要不可欠です。もし，10 kmに及ぶ厚い海洋で地球が覆われていたら，地球は海地球となり，陸地のない非常に単純な環境に覆われ，リンやカリウムの供給がないために生命の誕生はありえなかったでしょう。しかし地球は，初期海洋が非常に絶妙な量，つまり4 km ± 1 kmであったために，大陸地殻が海洋上に姿を出し，多様な表層環境をつくりだすことができたのです。海洋の形成によってプレートテクトニクスが機能し始めると，大陸は分裂・移動して，最後に衝突することによって高い山脈を形成したり，あるいは大陸が割れて水平移動することによって，表層環境は非常にダイナミックに変化しました。つまり，同じ場所であっても，時間が経過するとともに，地形が変わり，後背地の状況が変わり，化学組成が変わり，環境が変わる，ということになります。このように，冥王代地球は，生命を生み出すための非常に多様で動的な環境を持っていたはずです。(Maruyama et al, 2013)

5. 生命誕生場としての原子炉間欠泉モデル

さて，ここで複雑な有機化合物から最初の生物を誕生させた場として原子炉間欠泉モデルを紹介します。まず，間欠泉の原理を説明しましょう（**図7-4**）。間欠泉というのは地下に地表と連結した二階層以上の部屋からなる空洞を持ち，そこに表層から水が流れ込むようになっています。その空洞の一番下には熱源となるウラン鉱床があり，冥王代地球には普遍的に存在したでしょう。水が来さえすれば，ウラン鉱床はすぐに核分裂反応を起こし，自然原子炉となり，アルファ線，ベータ線や，ガンマ線などの高エネルギー粒子を出すとともに発熱します。冥王代の前中期を考えると，太陽エネルギーは地表に届かないので，自然原子炉が生命現象を駆動する連鎖反応を起こすエネルギー源となりました。N_2，CO_2とH_2Oは熱力学的には極めて安定な物質なので，これらを不安定に

原子炉間欠泉における
気体成分の濃集と高分子有機化合物の合成

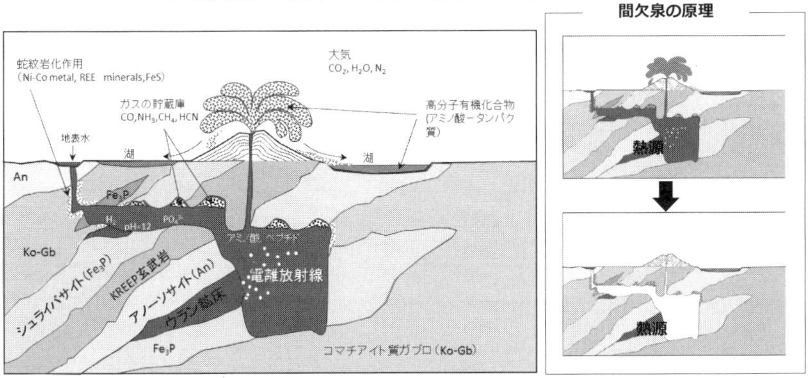

図7-4　原子炉間欠泉モデル（→口絵p.5）

して激しく化学反応させるためには，自然原子炉から出る高エネルギー粒子によって，それらを素粒子に分解することが必要なのです。

次に，原子炉間欠泉モデルの原理を簡単に説明します。河川水が地下にたまっていきます。すると地下の洞窟の最下層ではウランの核分裂によってどんどん温められて沸騰が起き，水の体積が急激に膨張します。地下の空洞が水で満たされると，沸騰した湧泉水が直上の地表に吹き出して間欠泉をつくります。そうすると，地下は空洞になりますから，冷たい水が地表から新たに供給されます。地下の空洞が再び満杯になると，沸騰が起きます。RNAが分解するような100℃以上に温度が上がりません。このような現象が周期的に繰り返すのが間欠泉の原理です。生命誕生場としての間欠泉のメリットは次の4点です。

(1) 局所的還元場：酸化大気で覆われた冥王代の地球表層では局所的還元場が必要です。なぜなら，酸化大気（$CO_2 + H_2O$）ではN_2が安定で，アミノ酸などの還元的生命構成単位の合成が不可能だからです。COやCH_4を安定化させる還元物は，N_2でなく，アンモニア（NH_3）であり，H_2Oでなく水素（H_2）シアン化水素（HCN）です。地表水が地下に移動する時に，壁岩と反応し，必要な触媒鉱物を使ってCOとともに地下の間欠泉でそれらのガスは簡単につくられます。

(2) 濃集：そして，生成された軽いガスは，地表では拡散・酸化分解してしまいますが，間欠泉の場合は，地下にある空洞の天井にあるくぼみにたまり濃集することになります。つまり，地表では解決が難しいガスの濃集という問題をクリアできるということになります。従って，地表の酸化大気とは独立して，こういう還元的な物質や栄養塩を集めることができるのです。濃度が低すぎると有機化学反応は起きません。これまでに行われたすべての生命構成単位の合成実験は，ユーリー・ミラーの実験以降すべて，高濃度で行われています。

(3) エネルギー問題：冥王代の初期のころは分厚い大気があるために，太陽からやってくる可視光の電磁エネルギーを利用することができませんが，それに代わって，地下の自然原子炉による核分裂反応がエネルギー供給源として作用し，太陽と同じ役割を果たします。つまり，エネルギーの問題をクリアすることができます。

(4) 周期性：生命が持つ重要な特徴の一つに周期性があります。生命が生まれたり死んだりするのは周期性の問題です。夜と昼，夏と冬の活性・不活性など生命現象のいたるところに見られる周期性は前駆的化学進化に起源をさかのぼることができます。たとえば，アミノ酸の重縮合による高分子化は海の干潟で見られる周期的な乾湿サイクルによって起きます。高温で生成された有機物が原子炉間欠泉から表層にもたらされ低温にさらされ，さらにこれらの有機物が再度間欠泉を通じて循環すると，そのプロセスで周期的な気温や化学組成の変動を受けることになります。さらに，地表に噴出した後，湖にたまり，乾湿反復などによって，さらに高次のRNAまで進化することが予想されます。地下の空洞だけでなく，噴泉の表層では，蒸発による脂質の濃集が起きるので，膜成分の濃集による膜の小球が形成されます。

6. 地球生命の誕生プロセス

さていよいよ，生命誕生までの最後の道のりを解説します。**図7-5**は原初大陸断面のイメージ図です。山のてっぺんには湖があり，周辺に生物にとって必要な栄養塩が満ちた岩石や鉱物があります。ところどころに，先ほど述べた間欠泉があります。あるいは非常に急こう配の滝のところで高分子有機化合物を含む水流が落下します。そして，流れる速度が非常に速い場で次々と基盤の岩石の鉱物が反応して局所的還元場ができています。

山の高いところから下へと向かって多種多様な場があって，それぞれの場で様々な有機化合物がつくられ，生命構成単位の小さなものから大きいものへと合成が進み，下流で合流し，そして最終的にはコモノートが誕生することを示しています。**図7-5**では，生命構成単位が次第に複雑化し最終的に生命が誕生するというプロセスが非常に模式的に簡単に書かれていますが，重要なのは，このプロセスには何億年もの時間がかかるということです。RNAからDNAの壁は非常に大きく，コモノー

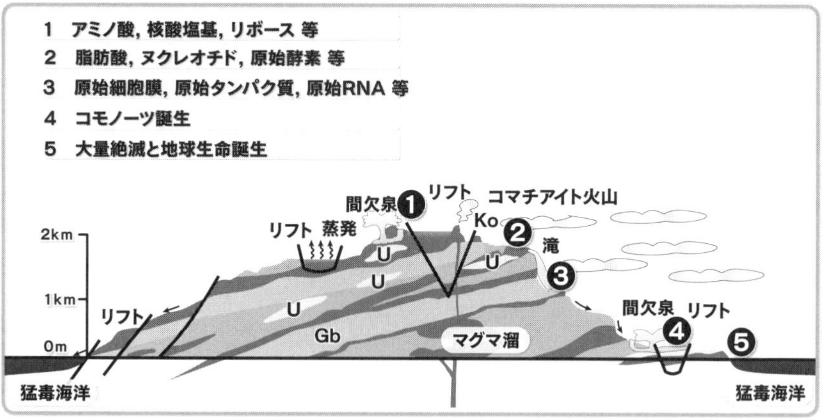

図7-5　地球生命の誕生プロセス

ト誕生に至るプロセスには1億年あるいは2億年という長さの時間がかかっていることを意味しています。さらに，生命誕生には，生命構成単位の濃度が極めて高いことが必要で，飽和する程度に高濃度である必要があったはずですが，生命がいったん誕生すると，それらの濃度が極めて低い場所でも遺伝子にプログラムされた手法に基づいて膜を通じて外界から必要な成分を選択吸収することが可能になったでしょう。

しかし，そうして誕生した無数のコモノートは，プレートテクトニクスによる大陸の分裂，構造侵食による大陸の消失によって猛毒の海と交ることによって死滅したはずです。超酸性・富重金属・高塩分の猛毒の海によって，生物の反応がすべてストップしてしまうからです。おそらく何万，何億と誕生したコモノートは大量絶滅を繰り返したはずです。しかし，この大量絶滅こそが地球生命を誕生させた重要なイベントです。

現在，われわれ地球生命は20種類の限られたアミノ酸しか使わない，非常に特殊な生命体であるということがわかっています。冥王代の多種多様な環境を考えると，誕生したコモノーツは非常に多様な種類のアミノ酸を使っていたと考えられます。それではなぜ現在の地球生物は20種類の限られたアミノ酸しか使わないのでしょうか。その答えは，冥王

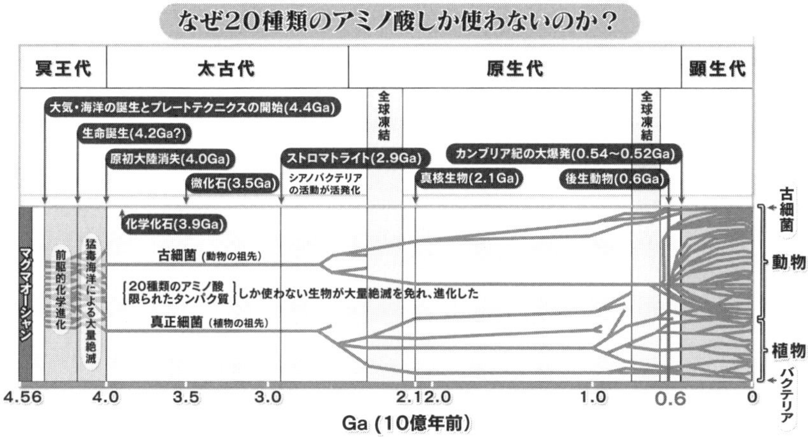

図7-6　地球生命の起源と進化（→口絵 p.6）

代に生まれた原始生命が2種類を残して残りは全滅したからです。この残った2種類の生命が，現在我々の動物の祖先となった古細菌と，植物の祖先となった真正細菌であろうということを示したのが**図7-6**です。冥王代末にほとんどのコモノーツは死滅しましたが，2種類の原始生命は長い時間をかけて複雑な生物へと進化し，やがて最後の6億年間に後生動物や植物に進化したと考えられます。

引用文献

Dohm, J.M., Maruyama, S., 2015. Habitable Trinity. Geoscience Frontiers 6, 95-101.

Maruyama, S., Ikoma, M., Genda, H., Hirose, K., Yokoyama, T., Santosh, M., 2013. The naked planet Earth : Most essential pre-requisite for the origin and evolution of life. Geoscience Frontiers 4, 141-165.

Miller, S.L., 1953. A Production of Amino Acids Under Possible Primitive Earth Conditions. Science 117, 528-529.

Oparin, A.I., 1957. The origin of life on the earth. Academic Press, New York.

研究課題

1. 生命誕生場の諸説について詳しく理解しましょう。
2. 生命とは何かについて理解しましょう。
3. ハビタブルトリニティ条件の重要性について考えてみましょう。
4. 様々な生命構成単位について理解を深めましょう。
5. 地球生命はなぜ20種類のアミノ酸しか使わないのか，考えてみましょう。

8 太古代：地球生命孤児化と本格的生命進化の始まり

丸山茂徳

はじめに

地球生命は冥王代に誕生しましたが，冥王代の終わりに原初大陸が表層から消失したために，生命にとって必要不可欠な栄養塩供給をたたれる苦難の時代，「生命サバイバルの時代」を迎えました。しかし，太古代半ばまでに光合成生物が誕生します。そして，太陽エネルギーを利用して地球の生命の進化を特徴づける酸素大気を生物がつくるようになります。本章では太古代のこのような変化をシステム変動として捉えて解説していきます。

《キーワード》 原初大陸消失，構造侵食，光合成生物の出現，マントルオーバーターン

1．太古代の概観

最初に太古代の地球の概観を説明しましょう。**図8-1**は，地球史46億年を通した変化を六つの項目について示したものです。太古代の象徴的な出来事としてあげられるのは，原初大陸の消失です。生命の源である栄養塩の供給源が消失するという大事件は，それまで子供を育ててくれた母親を失ったようなものです。つまり，太古代は地球生命が孤児化した「生命サバイバルの時代」といえるでしょう。

原初大陸が消失すると，地球表層はそれまでの陸地球から海地球になりました。つまり陸地のほとんどない時代に突入します。プレート運動によって少しずつ増加する安山岩と花こう岩の陸地が海面上にわずかにあるだけの，生命にとっては非常に過酷な時代となります。しかし，その後，少なくとも29億年前までにシアノバクテリアが誕生したことがわかっています。それによって，酸素濃度が非常に少ない1000分の

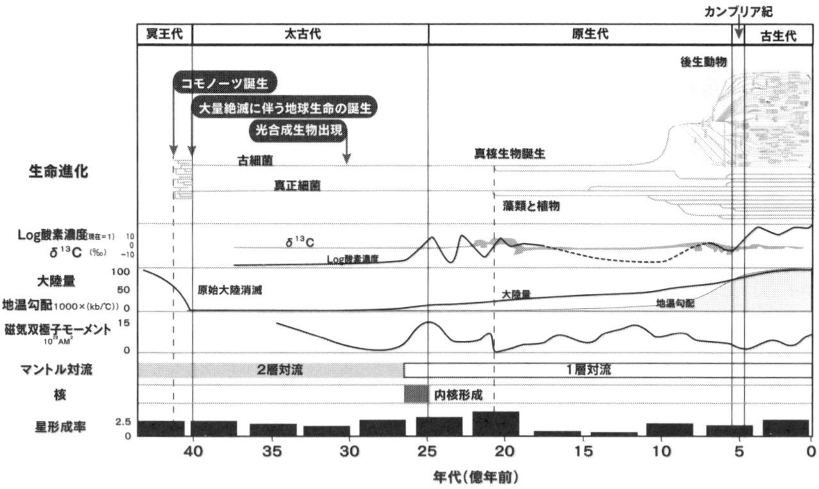

図8-1　太古代からカンブリア紀までの概観

1PAL（現在の酸素濃度を1PALとする）以下の時代から，26億年前までには酸素濃度がかなり高くなりました。

また，地球磁場は太古代の終わりごろに急速に強くなり始めたらしいということがわかってきました。これはマントル対流が二層対流の時代から一層対流の時代になり，おそらく26億年前ごろに最初の固体核が誕生したことによると考えられています（Hale, 1987）。

このように太古代は，冥王代とは全く異なる環境で始まりますが，地球と地球生命が大きく進化していく黎明期といえます（丸山・磯崎, 1998）。

2. 原初大陸の消失と地球生命の孤児化

それでは太古代最初の重要なイベントである「原初大陸の消失」と，「地球生命の孤児化」を解説します。

冥王代の地球には広大な陸地が存在したはずであると考えられています（第6章）。しかし，その頃の地球はまだマグマオーシャンが固まった直後で，マントル最上部の平均温度が現在よりも約200 K以上高温であったということがわかっています。そのために，非常に激しいマントル対流があって，沈み込むプレートが海溝の陸側斜面で原初大陸の地殻を破壊して，それらをマントル深部に運びました。その結果，40億年前までに表層から原初大陸のほとんどが消えました。これが「原初大陸の消失」です。太古代の古地理については，現在残されている太古代の表層地質に基づいて推定することができます。太古代の表層環境は，海面上に小さな火山が散在する海地球でした。プレートが沈み込むことによってできる安山岩質火山やホットスポットのコマチアイト火山が散在していたということがわかっています。それまで，広大な陸地があった冥王代と比べると，太古代にはそのような巨大な陸地が存在しなかったというのが特徴的です。

では，なぜ原初大陸が消失してしまったのか，それを引き起こしたメカニズムを解説しましょう。原因は「構造侵食」です。「構造侵食」とは，沈み込むプレートの前面で上盤側のプレートが次々に破壊されてマントル深部に運ばれるというプロセスです。実は，この構造侵食という新しい概念は海洋物理学的探査による現在の海溝の研究によって生まれました。実際に構造侵食が進行している場所は，環太平洋の地域，南極半島から南米西岸，中北米，アラスカ，アリューシャン，千島—日本列島，フィリピン（小笠原—マリアナ）からパプアニューギニア，ニュージーランドさらにオーストラリアの北部，そしてインドネシアを経て中東から地中海に至る地域の沈み込み帯のほとんどの地域です。第2章，第3章でも解説しましたが，20世紀の後半には，沈み込み帯では付加体形成だけが進行していると考えられていたのですが，21世紀になると，逆に，付加体形成よりも構造侵食が卓越することがわかったのです。こういった場所では上盤側の前面が沈み込むプレートによって構造的に壊されて，その破片がマントル深部に運ばれています。構造侵食は，現在の地球よりも冥王代に最も顕著に起きていたはずです。その理由は，冥王代には地球内部が現在よりはるかに高温であったためにマントルが激しく対流していたからです。そのため，原初大陸は40億年前までにすべて削られてしまい，1 mmサイズ程度のジルコンの結晶を除いて，地球表層からはすべてなくなってしまったということが観察事実からわかっています。

3. 原初大陸はどこへ行ったのか

では削られた原初大陸は表層からどこへ行ったのでしょうか。

図8-2左は地球の表層が固化した45.3億年前の地球の断面図です。マントルの底，2900 kmの深度まで描いてあります。マントル深部には固まっていない基底マグマオーシャンがあったことが推定されています。44億年前にプレート運動が始まると，プレートの沈み込み境界で構造侵食が進行します。そして冥王代末期の40億年前ごろまでに原初大陸はすべて削られてしまって，**図8-2**中の図のように，原初大陸が表層から消えたと考えられます。そして，消えた原初大陸がマントル遷移層（410-660 km深度）に滞留します。このように原初大陸が滞留している原因は，原初大陸の密度が，そのまわりのマントルの密度と同程度であるために，これ以上，上にも下にも移動しない，ということを意味しています。しかし，時間がたつと滞留していた原初大陸が相転移を起こして重くなり，最終的にマントルの底に崩落して，基底マグマオーシャンの中にとけ込むことが起きます。一方，44億年前に始まるプレート運動によって，次々と安山岩や花こう岩マグマがつくられ，海洋内島弧として大陸地殻が増加しますが，島弧の沈み込みが卓越して，大陸地殻は効率よく増加しませんが，マントルに沈み込んだ花こう岩質地殻はマントル遷移層に集積して重力的に安定した第2大陸地殻を一方的に急増させていきます。また，中央海嶺で生まれた海洋地殻も上部マントルの底に滞留し，やがて低温のスラブと海洋地殻の巨塊が下部マントルの底へ大規模な崩落を起こします。

図8-2右には，太古代末の25-26億年前に起きたマントルオーバーターンを示しています。下部マントル底の基底マグマオーシャンは急激に冷やされて固化することになります。そして基底マグマオーシャンの中に既にとけ込んでいた原初大陸の成分が固化して，3種類の岩石ができました。その一部のCa-Pevに富む単一鉱物岩体はプルームとして上

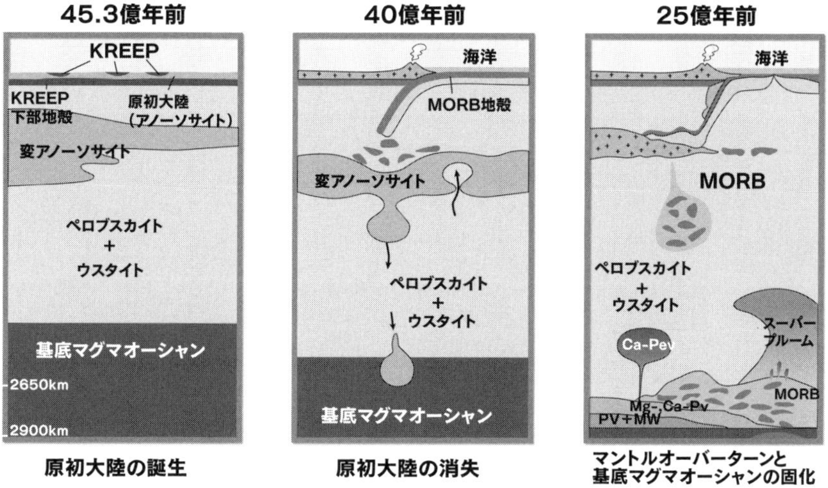

図8-2　原初大陸はどこへ行ったのか？
45.3億年前にマグマオーシャンが固化して，地表に出現した巨大な原初大陸はマントル対流によってマントル遷移層に運ばれて，そこで滞留し，40億年前までに地表から消失した。プレート運動で生まれた花こう岩質島弧地殻もマントルに沈み込み，25億年前までに現在の地表の大陸地殻の約10倍の巨大大陸となり上部マントル底に滞留した。(Kawai et al, 2009)

昇し，下部マントル上部に滞留している可能性があります。

つまり，地球表層にあったはずの原初大陸は，現在では，マントルの底に存在するに違いないと考えられます。しかし，その鉱物の種類と量比はもともとの原初大陸のものとは異なった状態に変わっています。この同定作業は研究が進行していますが今後の重要な課題になります。

4. 原初大陸の密度計算

さて，ここまでに説明したような原初大陸の歴史はどのような根拠に基づいて推測されたのでしょうか。それを示したのが**図8-3**です。横軸は密度，縦軸は深さを示し，マントルの最下部2900 kmまでの密度変化を描いてあります。種類の異なる4種類の岩石の密度が深さに応じてどう変わるかを描いてあります。地表付近で密度が低い順に取りあげると，まずアノーソサイトがあります。アノーソサイトは原初大陸を構成している主要な岩石で，地表付近では一番低密度です。次に花こう岩（TTG）があります。そして，中央海嶺玄武岩（MORB），最後にパイロライトになります。パイロライトは，マントルの主要岩石です。つまり原初大陸は表層付近では最も軽いということがわかります。しかし，重要なことは，原初大陸がプレート運動によって沈み込み帯からマントル深部へ運ばれていくと，その密度が相転移によって変化し，下部マントルの底では密度が最も大きくなるということです。

岩石がマントル内部に運ばれると，温度−圧力条件が変わって，岩石を構成する鉱物の種類が変化します。それが岩石の密度が変化する理由です。

構造侵食によって地表の原初大陸がすべてなくなると，地球表層環境のシステムは大きく変わることになります。生命にとって必要不可欠であった豊富な栄養塩を供給した母体であった原初大陸は，40億年前ま

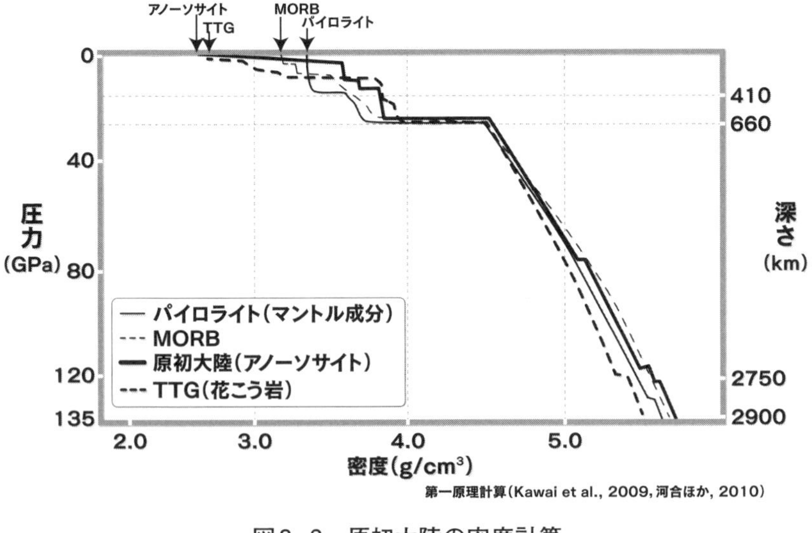

図8-3　原初大陸の密度計算

原初大陸は地表付近ではマントルの岩石よりも軽いが，地下100 kmより深い場所に運び込まれると最も重くなり，花こう岩とともにマントル深部に沈み込む。

でには地表から消失し，それと同時に，特に当時すでに誕生していたと考えられる原始生命は猛毒海洋にさらされることになり，大きな打撃を受けたでしょう。

5. 光合成生物の出現

太古代の地球の表層は，広大な原初大陸に覆われていた冥王代の陸地球から，大陸のない海地球に変わりました。これは地球表層環境の多様性が激減したことを意味しています。しかし，35億年前，あるいは，少なくとも29億年前までには，地表の小大陸の縁にストロマトライトを中心とした光合成を行う原始生物，シアノバクテリアが出現してきます。

図8-4の写真は，太古代後期のころにできたストロマトライトの写真です。ストロマトライトの特徴といえる層状のドーム構造がきれいに見えます。ストロマトライトのこの構造は，強い太陽エネルギーから身を守るための発明でした。複屈折率の極めて大きな方解石の微結晶をランダムな方向に組み合わせて，光を乱反射させ，そのような「家」のような構造物の中に棲むことによって強力な紫外線から身を守るという発明です。しかし一方で，その「家」の中にある閉鎖空間では，光合成によって自らつくり出した酸素の濃集によって，生物は逆に酸素の毒性に脅かされることにもなるため，酸素から身を守る方策を次々に生み出していくことになります（Kawasaki and Weiss, 2006）。

図8-5は，当時の地球表層環境を示した断面図ですが，この当時の

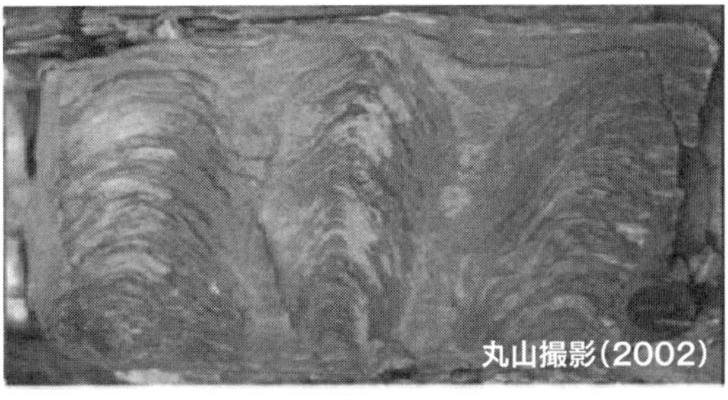

図8-4　ストロマトライト

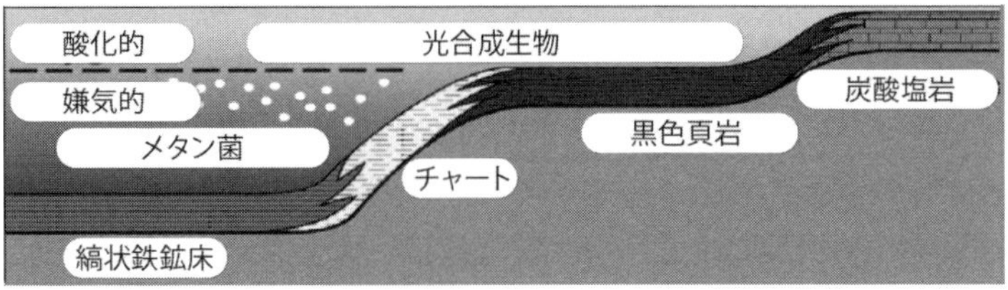

図8-5　シアノバクテリアの誕生

海の色は現在のような青色ではなく黒かったと考えられています。それは，酸素が少なく鉄の溶解度が高かったためです。しかし，大陸縁辺の浅海域ではストロマトライトを形成する光合成生物が大量に現れた記録が残っています。従って，海洋表層は次第に酸化的になっていったと考えられます。一方で嫌気的なメタン菌は，より還元的な深海に棲むようになりました。そして，光合成によって増加した酸素は海洋の二価鉄を三価鉄に変え，それに伴って海洋のFe（鉄）の溶解度が変化します。三価の鉄は海にとけないので，その結果，縞状鉄鉱床ができていき，海洋の組成は，大気と同様，少しずつ酸化的になり，海洋は赤みがかった色に変化します。浅海ではメタンガスを酸化してエネルギーを得る「メタン酸化細菌」が誕生したと推測されます（Schidlowski, 1988）。

6. 生命が表層環境を変えた

シアノバクテリアの増加は大気中の酸素の増加をもたらしますが，ではなぜストロマトライトや酸素がこの時期に増加することができたのか，その原因を探ってみましょう。太古代の表層環境で重要なことは陸地面積が徐々に増えていく時代であるということです（**図8-1**）。光合成生物は大陸の縁辺や湖，あるいは河川沿いで棲息し始めましたが，大陸面積の増加は光合成生物の生息場が増加するということを意味します。つまり，大陸面積が増えることは，その分，生成される酸素の量が増加することを意味します。

このようにシアノバクテリアの出現により大気の酸素濃度は増し，同時に海洋の組成（Fe^{2+}の減少）も変化し始め，表層環境は大きく変わり始めます。光合成生物が出現することによって，地球表層環境は生物による酸素大気増加の時代になり，地球生命が地球表層環境を変え始める時代が始まったということを意味しています。つまり，生物にとってそれまでの受身的な時代から生物が能動的に環境を変える時代になったということです（丸山，磯崎，1998）。

これは最終的に700万年前になって，その集大成ともいえる大気酸素をもっとも大量に消費する生物の出現，第4の生物といわれる人間の誕生と，文明を持つ惑星の出現へつながっていくという点で非常に重要なイベントとして地球史の中に位置づけることができると言えるでしょう。

7. 太古代末期のマントルオーバーターン

地球の徐冷とともに，マントルオーバーターンとよばれる大事変が太古代末期に地球内部で起こります。マントルオーバーターンとは，上部マントルと下部マントルが入れ替わる事象です。マントルの温度が高いと，上部マントルと下部マントルの対流は別々になり，660 kmを境に，その上部のマントルは下部のマントルと往来することができません。上部マントルではプレート運動によって海洋地殻が生まれ，水平に移動し，海溝から660 kmまで沈み込み対流運動しますが，次第に熱を失い，冷却していきます。ところが，下部マントルは上部を毛布のように上部マントルに覆われるので容易に冷却しません。その結果，時間とともに上部と下部マントルの間で温度差が小さくなり，やがて局所的な密度逆転が引き金となって上部マントルが下部マントルと入れ替わるのです。

図8-6(a)は，太古代のマントル対流を示したものです。マントルオーバーターン以前の太古代では，マントル対流は上部マントルと下部マントルを行き来しない二層対流になっていました。しかし，上部マントルは一方的に冷え，一方，下部マントルは上部マントルという毛布に覆われて，かつ自己発熱，あるいは核からの放熱によって，少しずつ温度があがります。その結果，上部マントルの密度が下部マントルよりも局所

的に大きくなるということが起き始めます。すると，上部マントルと下部マントルが入れかわるということが起きます。それがマントルオーバーターンです。**図6**(b)にあるように，冷えた塊が落下すると，同時に別の場所であたたかい下部マントルの物質が上部マントルに上昇します。上部マントルに上昇してきたマントル物質は，減圧融解によって，大量のマグマを地表へ噴出することになります。

このような過程に伴って地球表層に大量に噴出したマグマは，洪水玄武岩と呼ばれています。「洪水」という名前は大雨の時に大量の水が一気に流れる状態のことを表現しています。こういうマグマは，粘性が低く，斑晶がほとんどない特殊なマグマです。このような玄武岩質マグマは現在でもハワイやアイスランドなどのホットスポットの地域で噴出していることは知られていますが，現在の地球上ではこれらの地域のみに限られています。これに対して，太古代の末期には全球的な規模で噴出したことが記録に残されているので非常に特異であると言えます。

そのような洪水玄武岩は，クラトンとよばれる25億年前よりも古い造山帯が分布している35か所の地域では常に観察することができます。どの地域のクラトンにも，洪水玄武岩が噴出した記録が残されており，しかもその溶岩流の厚さは平均でも2-3 kmあります。このことから，27-25億年前の太古代末期の時代には，全球的規模で洪水玄武岩が噴出した，ということが示され，マントルオーバーターンの証拠として捉えることができます。

一方，マントルオーバーターンという事件で，影響を受けたのは表層環境だけではありません。地球内部にも大きな変化がありました。暖められた下部マントルが上昇し，低温化した上部マントルが落下すると，落下した低温のマントル物質は，マントル－コアの境界まで落ちていきます。その結果，外核を選択的に冷やす場所が出現します。現在だと，マントルの底の温度は約4000 ℃だとわかっていますが，低温の上部マントル物質がコアの直上に崩落した場所の温度は約2000 ℃ですから，下部マントルと核の境界あたりには，水平方向に大きな温度差ができることになります。そのような状態では，直下の外核は急速に冷却され，大きな筒状の対流が起きると想定されます。低温物質が次第に深く沈んでいくと，加圧の効果で鉄の結晶が核の赤道地域に析出して，固体核が急激に成長するということが考えられます。それによって外核の対流運動が活発化して地球磁場を急激に強くします。強い磁場が形成されると，太陽から地表に吹き付けられる高エネルギー粒子（太陽風）が地球表層をたたくことを妨げるようになります。このような状態で表層環境が安定化して生命進化の加速が始まったと考えられます。

このようにマントルオーバーターンは地球表層の環境を変え，一方で強力な磁場を発生させるにいたった全地球的な重要なイベントといえるでしょう。その結果，生命が自らの力で地球を変え，酸素惑星へと進化するターニングポイントになったのです。

マントルオーバーターン
二層対流から一層対流へ

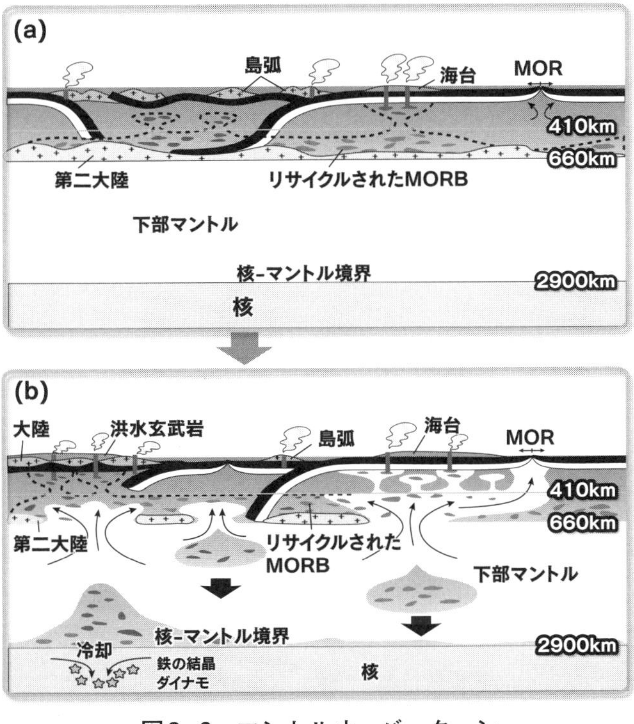

図8-6　マントルオーバーターン

8. 太古代のシステム変動

最後に，これまで見てきた太古代の大きなイベント，1）原初大陸消失と地球生命の孤児化，2）光合成生物の誕生，3）マントルオーバーターンの事件をシステム変動という切り口から読み解いていきましょう。

太古代最初期のシステム変動は原初大陸の消失と地球生命の孤児化ですが，この変動の出発原因はプレートテクトニクスの開始です。海洋の誕生とともに44億年前から始まったプレート運動によって原初大陸はつぎつぎと破壊され，構造侵食によってマントル内部に運ばれます。それらの原初大陸は，時間とともに基底マグマオーシャンに次々と落下して，基底マグマオーシャンの組成を変えます。40億年前までに原初大陸が地球表層から消失して，地球は陸地球から海地球に変化し，海面上に弧状列島が点々と散在する環境になりました。原初大陸の消失は，表層環境システムの大きな変化を意味します。このような変化に対する応答として，原初大陸の縁，あるいは大陸内部に生息していた初期生命は，猛毒海洋の中に点在する小さな島弧にしがみついて生き残ったり，あるいは一部は海底の毒性の弱い熱水系環境へと生息場を移し，そこに適応できる生体システムをつくり出しました。これは表層環境システムの変化に，生態系システムや生体システムが応答したことを意味します。

太古代中期の表層環境システム変動は，酸素を出す光合成生物の出現に出発原因があるといえます。実際には陸地面積が増加したことによって，光合成生物の生息場が拡大するわけですが，そうして増加したシアノバクテリアは，大陸縁辺部だけでなく河川の湿地帯，湖沼に生息域を広げ，大気に酸素を増加させ，大気の組成を変えていきます。増加した酸素は海洋の金属元素の溶解度に強い影響をあたえて縞状鉄鉱床を形成し，酸素濃度の増加は，その他の成分や海洋組成も変化させました。しかし，その一方で，増加した遊離酸素は嫌気的な生体にとっては非常に毒性が強いので，その結果，微生物は次第に猛毒の酸素に適用するように生体システムを変えていきます。原生代までに猛毒の酸素からDNAを守るために膜を二重にした真核生物の出現がその例です。

太古代末期のマントルオーバーターンは，冷却する上部マントルと，暖められた下部マントルが入れ替わった大事件ですが，上部マントルと下部マントルという地球のサブシステムが一気に変わることが地球システムに大変動を起こした出発原因で，つまり地球内力が原因だということができます。マントルオーバーターンに対する応答プロセスは，地球表層のいたるところで起きる火山活動です。これによって洪水玄武岩が大量に表層環境に噴出することになります。もう一方では，マントル内の冷たい物質が外核表層を冷やし，外核の対流パターンを大きく変えます（Tsuchiya et al, 2013）。これは冷却する惑星の物理的必然といえますが，このようなプロセスの結果，固体の内核が誕生し，地球に強い磁場をつくりました。マントルオーバーターンという大事件によって，核・磁場システムまでが大きく応答したと言えるでしょう。強い磁場の形成は，宇宙や太陽からの高エネルギー粒子に直接さらされていた表層が，より安全な領域に変わることを意味します。地表に生きている生命体，シアノバクテリアなどの原核生物からなる生物圏を守ることになります。こうして，地球表層で増加した陸地とともに大量のシアノバクテリアが広大な地域に棲息するようになり，大気の酸素濃度を急上昇させるという応答を招きました。

このように，環境変動をシステム変動として捉え，変化の出発原因が何であるか，内力や外力の変化によってどのような応答がシステムに起きるのか，ということを読み解いていくと，地球の変動の本質とその波及プロセスを，よりわかりやすく統一的に理解することができます。

引用文献

Hale, C.J., 1987. Paleomagnetic data suggest link between the Archean Proterozoic boundary and inner-core nucleation.Nature 329, 233-237.

Kawai, K., Tsuchiya, T., Tsuchiya, J., Maruyama, S., 2009. Lost primordial continents.Gondwana Res.16, 581-586.

Kawasaki, K., Weiss, K.M., 2006. Evolutionary genetics of vertebrate tissue mineralization：The origin secretory calcium-binding and evolution of the phosphoprotein family. Journal of Experimental Zoology Part B-Molecular and Developmental Evolution 306B, 295-316.

Schidlowski, M., 1988. A 3, 800-million-year isotopic record of life from carbon in sedimentary rocks.Nature 333, 313-318.

Tsuchiya, T., Kawai, K., Maruyama, S., 2013.Expanding-contracting Earth. Geoscience Frontiers 4, 341-347.

河合研志，土屋卓久，丸山茂徳, 2010. 第二大陸，地学雑誌, 119, 1197-1214.

丸山茂徳，磯崎行雄, 1998. 生命と地球の歴史.岩波新書.

研究課題

1．構造侵食について理解しましょう。
2．地球内部における物質（アノーソサイト，花こう岩，MORBなど）の密度変化について理解しましょう。
3．光合成生物の誕生と地球の大気酸素の増加の関係（生物と地球の共進化）について理解しましょう。
4．マントルオーバーターンの原因を理解しましょう。
5．マントルオーバーターンをシステム変動として捉えてみましょう。

9 原生代：極端な時代，全球凍結と生物大進化

丸山茂徳・大森聡一

はじめに

原生代の地球では大陸地殻が効率よく成長し，超大陸が形成され，分裂・発散・衝突融合のウィルソンサイクルが繰り返し起きる時代になります。一方，2回にわたって地球が赤道地域まですべて凍り付く全球凍結とよばれる異常な表層環境になりました。そしてその時代の直後に生物が急激な進化を短期間に遂げました。

このような大陸成長と超大陸の形成がこの時代の地球表層環境をどのように変えていったのか，そして，2回の全球凍結が生命進化にどのような影響を与えたのかということを詳しく解説していきます。そして，最後に，システム変動という観点から原生代を読み解くことにより，どのような原因のもとに，地球システムが応答していったのかを解説します。

《キーワード》 全球凍結，超大陸の形成，真核生物の出現，HiRマグマ，スターバースト

1. 原生代の概観

原生代は，25億年前から，約6億年前までの時代です。原生代の生命進化を概観すると（**第8章 図8-1**），約21億年前に真核生物が出現し，その後，原生代末期の7-5億年前ごろになると後生動物やコケなどの陸上植物が出現したことがわかります。表層環境では，2回の大きな大氷河期がありました。約23億年前と7−6億年前には赤道付近まで凍り付く全球凍結が起きました。酸素濃度は，原生代初期の21億年前までに1000分の1PALから100分の1PALに上昇します。2−3回の上下変動を経て，酸素濃度はいったん低下しますが原生代末期に再び増加を始め，顕生代の前半に1PALになります。炭酸塩岩の炭素同位体比 δ^{13}C は，

環境変動と生命活動の指標ですが，全球凍結の時代に地球史上最大の変動を示します。そして固体地球表層に超大陸が出現するようになりました。約19億年前に初めて超大陸が形成され，約10億年前，5.4億年前も超大陸が形成されました。地球磁場は，太古代終わりのマントルオーバーターンのあと，固体中心核の出現によって強度を増しますが，その後は磁場が相対的に強くなった時代と弱くなった時代がありました。宇宙では，通常の3倍に星形成率が上昇（地球史46億年の中で最大）したスターバーストの時代が23億年前にありました。しかし，その中間の時代は実に平凡な静穏な時代でした。

原生代とは，こういう大きな変動があった非常に極端な時代なのです。

2. 大陸成長と超大陸の形成

これまでの研究から，原生代の25-20億年前頃から大陸が効率的に成長を始めたということがわかっています。**図9-1**は大陸成長曲線といわれるものをまとめたグラフです。現在を100％としたときの過去の大陸地殻の割合を示しており，現在の大陸地殻の年代別構成比が示されています。線で囲んだ範囲が原生代に相当します。

4本の曲線が書かれていますが，これらの線は，研究者たちが提示した大陸成長曲線の中から代表的なものを抜粋したものです。まず，熱史から推定した大陸成長線と地球化学的推定曲線を描いてありますが，これらの曲線は研究者によって大きなばらつきがあります。熱史の推定曲線では大陸地殻は現在の10倍に及んだと主張する研究者までいますし，地球化学的曲線についても様々な曲線がかかれています。これらの見積りは，おもにマグマの形成量を大陸地殻量と考えて見積ったことになりますが，これらに対して，実際に存在した大陸地殻の量を見積った2本の推定曲線がわれわれの研究グループによるものです。

一つ目の曲線は，現世の河川の河口砂ジルコンの年代頻度を利用した推定曲線です。ジルコンの結晶は，堆積作用や変成作用によるプロセスによっても，ほとんど変質しません。つまり，堆積物になっても，ジルコンが形成されたときのマグマの固化年代をそのまま情報として記録して残しています。この性質を利用した研究手法がジルコン法で，非常に精度の高い年代測定が可能です。もう一つの曲線は，造山帯の生成率から推定した曲線です。これらの研究から，原生代の地球の表層で大陸地殻が占める割合が15％から80％に増加したということができます。**図9-1**の二つの曲線の間の斜線で示した部分は，実は，形成された堆積岩の量を示しています。その理由は，川砂ジルコンが示す年代は，火成活動等によってマグマが噴出したか，あるいは地中で固化した時代を記録するのに対して，造山帯の形成年代は堆積物の形成年代を示します。地質記録として残されている造山帯の生成率とジルコン結晶から推定される大陸地殻形成曲線，つまり，この差にあたる斜線の部分は侵食された大陸量を意味しています。そして，侵食された岩石は，その後堆積岩として地表に残ることになります。この斜線の部分が約20億年前に増え

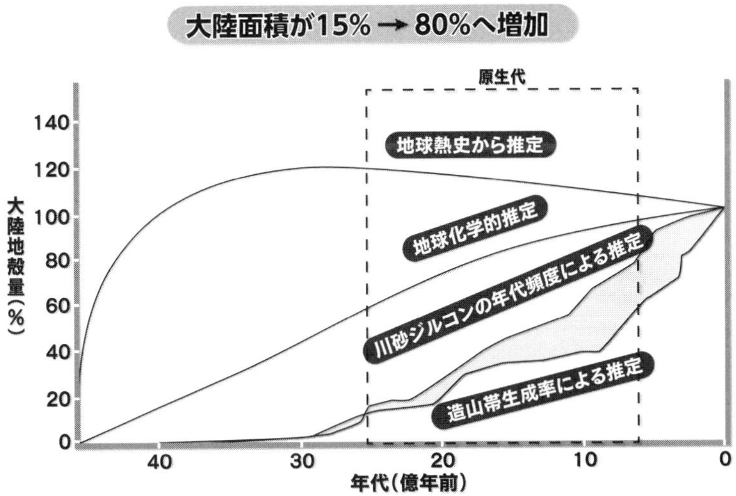

図9-1　大陸地殻の成長曲線

地球熱史（Fyfe, 1997），地球化学的成長曲線（Ónions et al, 1997），川砂ジルコンによる成長曲線（Rino et al., 2003），造山帯の形成年代による成長曲線（Utsunomiya et al, 2007）

始め，特に8億年前頃から急増したことが読み取れます。したがって原生代は，地球の表層で大陸面積が急増するのと同時に，堆積岩も急増した時代であったともいえます。

3. 原生代の大陸成長と配置

地球史を通して，いつどのような大陸が出現したのかをわかりやすくより明確に示したのが**図9-2**です。

冥王代末期に原初大陸が消失すると，太古代に極めて陸の少ない，海地球になりました。しかし，原生代初めになると萌芽的大陸が初めて出現し，そしてヌナと呼ばれる超大陸が19億年前に出現します。そして原生代末期の10億年前にはロディニアという超大陸が出現し，5.4億年前に超大陸ゴンドワナが誕生しました。

大陸表層の岩石の種類を整理してみると，地球形成後冥王代の終わりまではアノーソサイトとKREEP玄武岩を主成分としたものが主でしたが，太古代以降は花こう岩と安山岩および付加した玄武岩になりました。そして約25億年前ごろになると，初めて大量の放射性元素に富む

図9-2　大陸成長の歴史

地球史を通した超大陸の出現時期を図の上半分に，大陸を構成する特徴的な岩石種の時代変化を図の下半分に示す。

マグマである高放射性元素マグマ（Highly Radiogenic Magma，略してハイアールマグマ（HiRマグマ）が出現しました。

このように，巨大な陸地が出現することは地球表層環境や生物にとって極めて重要です。陸地は生命維持に必要な栄養塩を供給する栄養母体ですから，陸地面積が増大することは，バイオマスが増加し，生態系が豊かになり，生命進化の加速が起きるということを意味します。

4. 全球凍結と生命進化の研究史

原生代は非常に極端な時代で，赤道地域まで凍り付くという状態を我々の地球が2回も経験した時代です。このような過去の表層環境やその変動については，20世紀の後半から，古地磁気学者と地質学者が共同研究を進めた結果，少しずつわかってきました。現在は高緯度地域にある原生代の氷河性堆積物が，かつて赤道地域にあったことを示す古地磁気学的証拠がいたるところにあることがわかってきたからです。ポール・ホフマン（Paul Hoffman/ハーバード大学）らは，全球凍結の証拠を残している露頭を探し出し，古地磁気学的証拠を集め，全地球規模で氷河性堆積物が存在した証拠を見つけました。そして，スノーボール地球が実在したことを提案し，その形成機構を提案しました。

一方，全球凍結が終了し，温暖な時代になったあと，約2億年後に生命進化が爆発的に進行したことを根拠に，生物の大量絶滅と組み合わせて進化を議論する研究者たちが現れました。中国人のShu Deganとアメリカのスティーヴン・グールド（Stephen Jay Gould）の2人が，2回目のスノーボールの事件のあと，地球上初めて大型の動植物が出現した事実を環境変動と関連させて議論するようになりました。

5. 原生代の２回の全球凍結

図9-3上は氷河期の時期を示した横軸46億年のグラフです。グラフの縦軸の高さは，氷河が地球を覆う程度を表し，線が高く伸びるほど氷河の覆う範囲が広いことを意味します。すなわち，線が高く伸びている時期は，他の時期よりも地球の気温がより低くなっていたことを示します。実は，現在の地球も氷河期の中にいますが，棒グラフの高さを比べると，過去の全球凍結期に比べて，グラフの高さが低いことがわかります。すなわち氷河期の中でも気温が高いということが言えます。

図9-3に描かれている35億年の歴史の中で氷河期の占める割合を見ると，実は，地球が氷河期に入った時代は，35億年の時代の中でもおそらく1割以下です。つまり，残りの9割の時代は，地球は温暖な無氷河の環境だったということになります。

通常の氷河期の場合，たとえば現在の地球のように，極から高緯度地域にだけ氷河が存在しています。そういった氷河が，赤道地域の平野部にまで広がっていた時代が全球凍結時代です。そのような全球凍結の証拠を次に解説します。

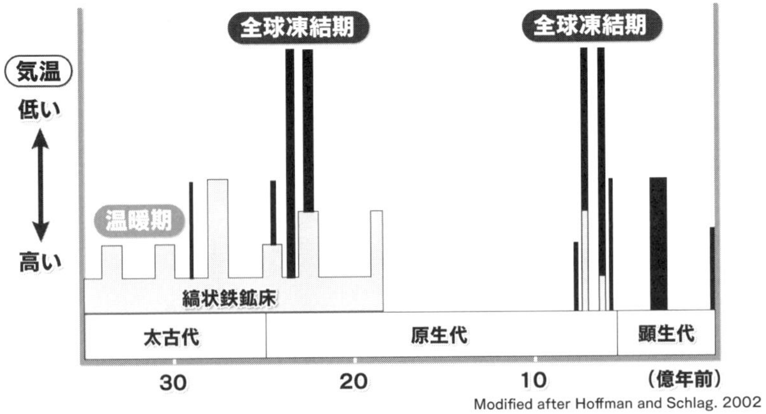

図9-3　2回の全球凍結時代と温暖な地球表層環境
黒い帯は氷床の規模を示す。現在は氷河期である。

6. 後期原生代全球凍結の証拠

図9-4は，ポール ホフマンが中心になって研究を進めた南アフリカ，ナミビア地域の，氷河性堆積物のすばらしい露頭写真です。左側の写真を見ると，露頭の上半分はきれいな縞模様の堆積物が重なっていますが，下の方では，人間の身長の半分くらいに達する大きな礫が，やや擾乱された砂岩の中に取りこまれていることがわかります。そのような礫を拡大したのが右側の写真です。注目してほしいのは，礫の下半分の地層が下にへこんでいることです。これは，礫が海底に落下し，そして海底につきささったということを意味しています。落下した礫は，氷山が氷の中にとじこめていたものです。左側の写真にある白い礫や黒い礫は氷山に閉じ込められていた礫で，気温が次第に暖かくなって氷山の氷がとけたために，氷山から礫が出てきて，その時に海底に落ちたということを意味します。そして，礫が海底に落下したあと，海底面の上に沿うように新しい地層が堆積しました。このような物理的な変化を記録している石をドロップストーンと呼びます。このような氷河性堆積物が，かつての赤道付近でみられることから，これは全球凍結の証拠として考えられています。

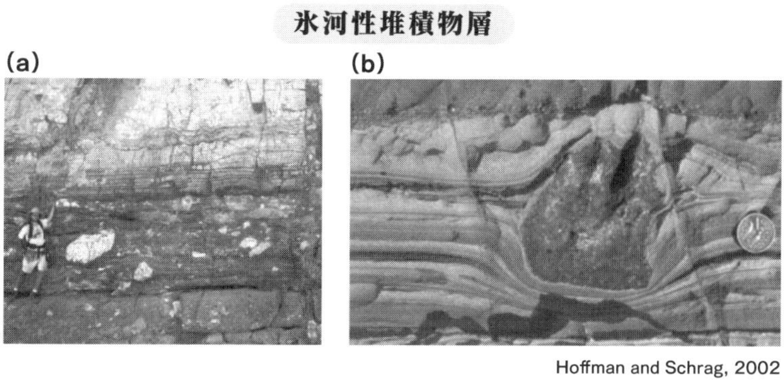

図9-4　氷河性堆積物の露頭写真

(a)　左端の地質学者の大きさに注意。(b)　ドロップストーン

7. 生命進化：2回の巨大化

原生代の間に，生物は体のサイズを2回極端に大きくしました。1回目の大きな変化は，原核生物から真核生物への進化です。そして2回目に，真核生物から後生動物と植物への大進化がありました。そのサイズ（体積）の変化は1回目が100万倍，2回目も100万倍で，都合1兆倍になりました（Payne et al., 2009）。

化石の証拠に加え，ゲノムの解析による生命の進化系統樹が得られています。それによると，21-20億年前頃に真核生物が誕生したことがわかっています。西アフリカのガボン共和国のフランスビル層群では多細胞生物化石が発見されています。

一方，真核生物から後生動物に分岐した時期は化石の証拠から約7.5から5.8億年前であることがわかっています。

8. システム変動

原生代に，23億年前と7-6億年前の2回にわたり全地球的規模で気温が異常に低下し，その結果，生態系が急激な変化を起こしたことが地球に残された記録から明らかになりました。この2回の全球凍結時期は，酸素濃度が1000分の1PALから100分の1PALへ，100分の1PALから1PALへ急激に変化する移行期にも対応します。さらに，初期の超大陸が出現する時期（23億年前）あるいは超大陸ロディニアが分裂する時期にもおおざっぱには対応することがわかります。また，約23億年前は，地球史上最大のスターバーストが起きた時期でもあります。また，原生代の最末期のスターバーストは中規模ですが，地球磁場強度の低下によって地球に降り注ぐ宇宙線量が増加する時期に対応しています。つまり，様々な要素の変動がある限られた時期に同起していることがわかります。

このような変動を，地球システムや太陽系・銀河系システムを含めたシステム変動として説明し，宇宙から生物に至る一連の変動が同起するメカニズムを考えてみましょう。

9. 1回目の全球凍結のメカニズム

1回目の全球凍結が起きた時の地球のシステム変動を解説します。23億年前に，地球史上最大のスターバーストが起きました。この巨大な外力によって，地球を守る太陽の防護壁であるヘリオスフェアが100AUから1AU未満に縮退したことが考えられます（**図9-5**）。こうして地球は大量の銀河宇宙線にさらされます。高エネルギー宇宙線が大気に入射すると，雲核形成が促進され，地球を覆う雲の量が増えます。そのため地表に降り注ぐ太陽エネルギーの量が減少し，その結果全球凍結が起きました。これは，デンマークのスベンスマルク（Henrik Svensmark）という物理学者によって提唱された雲形成モデルです。全球凍結が起きると陸地も氷で覆われることになりますから，あらゆる生物活動は影響を受けます。特に光合成が激しく低下して，その結果酸素濃度の低下が起きました。こうして表層の生態系は崩壊して酸素濃度が非常に少ない環境で生きながらえる嫌気的微生物生態系が活動域を増やしたと思われます（Kataoka et al, 2014）。

一方，スターバーストの時代が終わり，全球凍結から回復すると，地球表層環境では新たな生態系の再構築が起きます。再び陸地が姿を現

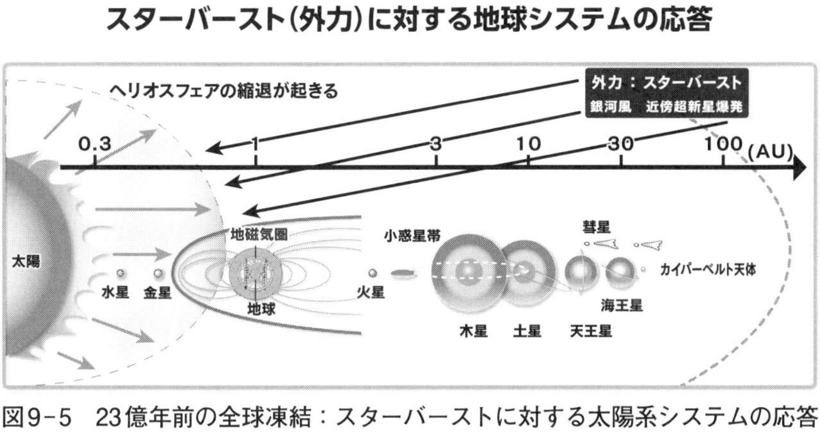

図9-5　23億年前の全球凍結：スターバーストに対する太陽系システムの応答

し，栄養塩が供給され循環する時代に戻ります。全球凍結後に新しい生態系が構築された証拠は，アフリカのガボンや北米大陸にありますが，これらの進化は，大陸が分裂する場所にあたる超大陸のリフト帯で起きています。このことは，大陸分裂に伴って噴出する放射性元素を大量に含むHiRマグマと関係があると考えられます。

10. HiRマグマと生命進化の加速

アフリカのほぼ中央部，西側海岸沿いにガボンという国があります。ガボンには太古代の最末期につくられた変成岩地帯があり，北東－南西方向の引っ張り力によって，北西－南東の方向に無数の正断層が23億年前頃につくられました。そして，その中に堆積盆地が形成されました。そのような場（リフト）では放射性同位体元素を大量に含み，揮発性物質に富むHiRマグマが噴出して，火山灰中の放射性元素が，堆積盆地の中の特定の場所に選択的に堆積・濃集して，堆積性ウラン鉱床を形成したことがわかっています。特にこの地域では，堆積性鉱床が天然の原子炉として働いていた証拠があり，「オクロの天然原子炉」として知られています。オクロの原子炉は，堆積性のウランが水と接触して軽水炉となり，その熱が間欠泉をつくるという原理で作動していました。そして，上位の堆積岩は，化石とともに，大量の高分子有機化合物を含むことが報告されています。ウラン鉱床の上位の地層には数cmサイズの奇妙な，しかし大型の動物のように見える化石群が2010年に発見され，フランスビル生物群と呼ばれています。

以上の観察事実を総合化すると，真核生物の誕生はこのようなリフトの火成活動と密接な関係があることが強く示唆されます。天然の原子炉と微生物の関係は，核分裂起源の放射線が異常に高い状態における遺伝子変異率の増加に起因すると説明することができます。このような場では，強い放射線が生物のゲノムを傷つけますが，生物は本能的にその修復を行います。修復に失敗すると生物は死んでしまうので，局所絶滅を起こしますが，修復に成功し環境に有利な生物へと進化すると，生き延びるだけでなく，新たな生態系で卓越する優位な生物となってニッチを形成することになります（Ebisuzaki and Maruyama, 2015）。つまり，遺伝子変異による新種誕生との相乗効果から，生命の進化を加速する場として注目されています。

11．2回目の全球凍結

7-6億年前の全球凍結の際は，宇宙からの外力であるスターバーストと，内力の変化として，地球磁場が衰弱したことがわかっています。地球は四重極磁場となり磁場強度が低下したために表層が銀河宇宙線にさらされた状態になったと推測されます。その結果，雲形成率が高まって，全球凍結に陥ったと考えられます。宇宙と地球内部の要因によって，地球システムは原生代前期と同様の応答をして，光合成生物の大幅な縮退が起き，酸素ポンプが大幅にダメージを受けて大気の酸素濃度が，短期間ですが，著しく低下したことが考えられます。

宇宙でスターバースト時代が過ぎると，全球凍結状態が終息し，再び温暖な地球表層環境に戻ると，新しい生態系が構築されます。この時代には，現在の80％にまで増加した大陸地殻の存在のもとで，その生態系がつくられた，ということがポイントです。表層の記録を見ると，約5.8億年前には現在と変わらないサイズの巨大陸地が現れたことがわかっています。大きな陸地の出現は，大量の栄養塩を供給することになり，それらの栄養塩を利用する新たな生態系を構築するようになります。また，大陸上にはリフトが形成され，そこではHiRマグマによって生命進化の加速が起きました。これが，顕生代に至る生物の黄金時代の黎明期に対応します。

12．リフトでの局所絶滅と新種誕生

図9-6上はロディニア超大陸が東西の二つの大陸に分裂しつつある状態を示しています。北東部に北アメリカ大陸があり，北西部に中国やオーストラリアがあります。その間に太平洋がつくられつつあります。

ちょうど，太平洋が誕生した時期だと想像して下さい。太平洋が割れる最初期に南中国を中心としたリフト帯ができたことを示すのが**図9-6**下のAB断面図です。このリフト帯の中央部にはリン酸塩の大規模鉱床が出現し，それらの地域にはエディアカラ動植物群とよばれる大型化石が特徴的に出現します。その分布を黒丸（●）で示しています。図の左には南中国地域で多産するエディアカラ動植物群の化石の例としてディッキンソニアを示しています。エディアカラ動植物群の化石の中には，明らかに自らの力で浅い海の中をジャンプしながら移動したことを示す生痕化石が残されています。その証拠が，エディアカラ動植物群に動物が含まれていることの証拠となりました。

下図に描かれている破線で示した地域は，HiRマグマの噴火によって絶滅を起こした地域を表しています。HiRマグマ噴火後，数年から数十年で大量の栄養塩の供給にささえられた新しい生態系がこれらのリフトで生まれたと考えられます。エディアカラ時代の終わりは，このような大量絶滅と新しい生態系の誕生が集中的に繰り返し起きた時代であることが主に南中国の研究から明らかになってきました。この繰り返しが，カンブリア紀の生命の爆発的進化につながったと考えられます。

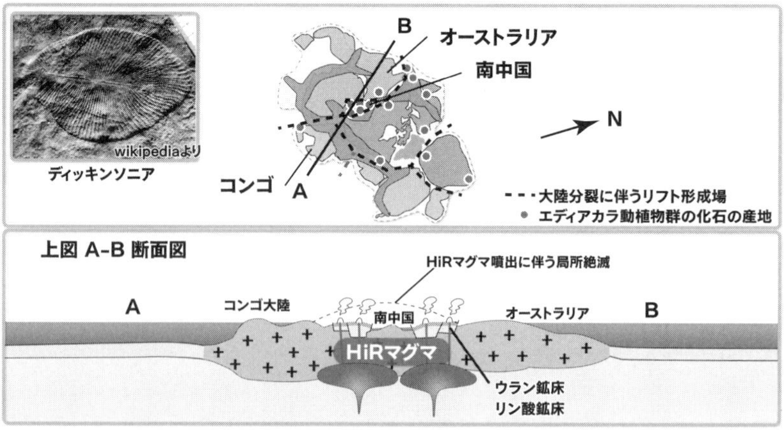

図9-6　リフトで起こる局所絶滅と新種誕生

約7億年前の超大陸ロディニア（上図）が大陸分裂を起こす時期のリフト（実線と破線）をその地質断面図（下），下図は上図A-B線に沿ったもの。

引用文献

Ebisuzaki, T., Maruyama, S., 2015.United theory of biological evolution：Disaster-forced evolution through Supernova, radioactive ash fall-outs, genome instability, and mass extinctions.Geoscience Frontiers 6, 103-119.

Fyfe, W.S., 1997. Deep fluids and volatile recycling：crust to mantle. Tectonophysics 275, 243-251.

Hoffman, P.F., Schrag, D.P., 2002. The snowball Earth hypothesis：testing the limits of global change.Terra Nova 14, 129-155.

Kataoka, R., Ebisuzaki, T., Miyahara, H., Nimura, T., Tomida, T., Sato, T., Maruyama, S., 2014. The Nebula Winter：The united view of the snowball Earth, mass extinctions, and explosive evolution in the late Neoproterozoic and Cambrian periods.Gondwana Res.25, 1153-1163.

O'nions RK, Evensen, NM and Hamilton PJ, 1979, Geochemical modeling of mantle differentiation and crustal growth, Journal of Geophysical Research, 84, 6091-6101.

Payne, J.L., Boyer, A.G., Brown, J.H., Finnegan, S., Kowalewski, M., Krause, R.A., Lyons, S.K., McClain, C.R., McShea, D.W., Novack-Gottshall, P.M., Smith, F.A., Stempien, J.A., Wang, S.C., 2009. Two-phase increase in the maximum size of life over 3.5 billion years reflects biological innovation and environmental opportunity. Proceedings of the National Academy of Sciences of the United States of America 106, 24-27.

Rino, S., Komiya, T., Hirata, T., Maruyama, S., 2003.Continental growth history of the river basin：Age distribution of detrital zircons from major rivers. Geochimica et Cosmochimica Acta 67, A399-A399.

Utsunomiya, A., Ota, T., Windley, B., Suzuki, N., Uchio, Y., Munakata, K., Maruyama, S., 2007. History of the Pacific superplume：Implications for Pacific paleogeography since the late Proterozoic, In：Yuen, D., Maruyama, S., Karato, S., Windley, B.（Eds.）, Superplumes：Beyond plate tectonics.Springer Netherlands, pp.363-408.

研究課題

1．大陸成長の歴史について把握しましょう。
2．全球凍結が起こったことを示す地質学的な証拠をあげてみましょう。
3．全球凍結を起こしたメカニズムについて理解しましょう。
4．HiRと大陸分裂の関係について理解しましょう。
5．生物の大量絶滅と宇宙の関係についてまとめましょう。

10 カンブリア紀の生物の爆発的進化

丸山茂徳

はじめに

現在，地球上に生きている我々人間や動植物たちは現代型生物と呼ばれますが，そのルーツは実はカンブリア紀にまで遡ります。その頃の地球表層では，巨大陸地が誕生し，それによって生命進化が加速したのです。では，なぜそういうことが起きたのか，それを引き起こした原因は何だったのかということを今回の章で解説していきます。

最も重要な事象は，地球表層の海水がマントルへ移動して，海水準が約数千万年という短期間に約600 m下がり，巨大陸地が出現したということです。このイベントが，カンブリア紀の生命進化の出発原因です。海水準の低下によって，大量の栄養塩が陸地から海洋に供給され，表層環境は急激に多様になり，広大な大陸棚に初めて光が届くようになりました。その結果，大陸棚は生物の楽園に変わりました。

《キーワード》 堆積岩の形成，海水の逆流，カンブリア紀の生物の爆発的進化

1. カンブリア紀の概観

カンブリア紀の地球の概観について**第8章 図8-1**を使って理解しましょう。

生命進化を見ると，非常に単純で小さな1ミクロン未満の大きさの原核単細胞生物が原生代の末期に多細胞化して，現代型生物が誕生しました。真核生物は21億年前に生まれ，後生動物に進化すると，生命は多生物共生体となり，体の大きさは原核生物に比べて約1兆倍になりました。

大気中の酸素はこの時代に急激に上昇し，それ以前の時代の約100倍

になり，やがて現代と同じレベルに達しました。

炭素同位体比の変化は，表層環境の変化を間接的に表す指標ですが，エディアカラ紀からカンブリア紀に，大変化が起きていたことがわかります。そして，オルドビス紀以降に落ち着く傾向がわかります。

プレート沈み込み帯の地温勾配の変化を見ると，カンブリア紀にかけて急激に変わります。つまり地球内部の冷却が海溝から伝播的に進んだことを示しています。

カンブリア紀の地球磁場強度は，通常の時代からかなり下がっています。

銀河の星生成率は後期原生代にはそれほど高くはありませんが，磁場の強度が下がっていたために，宇宙線が急増し，地球は全球凍結に見舞われました。しかし，全球凍結からの回復の過程（6.5億年前以降）でカンブリア紀の生物の爆発的進化が起きました。

2. 巨大な陸地の出現とその理由

太古代の初めに原初大陸が消失したあと，地球は海地球になり，大陸のほとんどない時代になりました。その後，原生代を通して少しずつ陸地面積は増加してきました。陸地とは海水準から上に露出した大陸や火山のことですが，7－6億年前に巨大な陸地が出現します。では，なぜ，巨大な陸地が現れたのか，その出発原因を探っていきます。その鍵となるのは堆積岩です。

図10-1は，堆積岩の形成量の経年変化が描かれています。上下の図は全く別の手法によって導かれたものですが，ほぼ同じ結果を示していると言えます。つまり，18億年前ごろから堆積岩の量が初めて増え始め，そして，6億年前頃から，さらに急激にそれまでの約2-2.5倍に増えています。**図10-1**下図は，我々の研究グループが研究した川砂ジルコンを使った大陸地殻の生成率を描いてあります。たて軸は，現在の大陸の量を100としたときの，過去の大陸地殻量の推定値を示してあります。6億年前までには現在の約80 %の大きさの大陸ができたということ

がわかります。濃い灰色の部分は大陸地殻を構成する岩石の内訳のうち，堆積岩の量を示しています。堆積岩の量は6億年前から急激に増えていることがわかります。

図10-1中図は，大陸と海洋の比率を模式的に示してあります。うすい灰色の部分は大陸を定性的に示し，濃い灰色が海を意味しています。大陸が占める割合がカンブリア紀始めの時代に急激に増えたということを模式的に意味しています。この変化は，本格的な超大陸ロディニアとゴンドワナが生まれたことと関係しています。

3. 地球冷却の証拠

巨大な陸地が出現した原因は，海水準が大幅に低下したことによりま

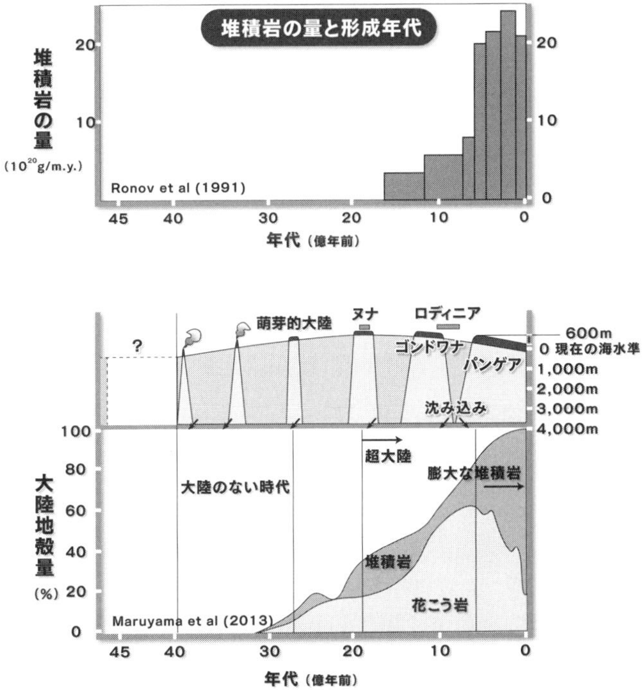

図10-1　堆積岩ができた時代と量の変化

す。北米大陸のような巨大な大陸の表層には過去の海岸線が記録されています。そのような過去の海岸線の調査と数値計算から導かれた結果によると，約6億年前に，深さ約600 mに相当する海水が比較的短期間に消えました（Maruyama and Liou, 2005）。では，そのような海水準の急激な変化はなぜ起きたのでしょうか。その根本的な原因が何かということを以下に解説していきます。

図10-2左は，大陸縁に発達する沈み込み帯の断面図です。大陸の下に，海洋プレートが沈み込んでいく様子が模式的に書いてあります。**図10-2**右は，横軸が沈み込むプレートの上面の温度を示しています。縦軸が広域変成岩の圧力，つまり深さを表しています。ここに示された2本の実線のまわりの点は，岩石が沈み込み帯でプレートとともに地下に運ばれていく時に，どの深さでどれくらいの変成温度と圧力になるのかを示しています。つまり，この左側の図の，沈み込むプレートの表層の温度―圧力条件が深さと年代でどう変わるかを沈み込むプレートの上面に沿って形成される広域変成岩を用いて描いてあります。

右側の図の下の小さい点（・）は，10億年より前の年代を示し，四角印は，原生代後期の7.5億年前から10億年前の時代，白丸印は約6億年前以降，つまり顕生代のものを示しています。これらの点が地下約30 kmのモホ面深度でどう変わったかを見てみると，10億年より前の沈み込むプレート上面の温度は，700 ℃から1000 ℃の範囲でしたが，6億年頃を境に約600 ℃から200 ℃まで下がっているという大きな変化があったことがわかります。

この図からわかることは，地球の内部が時間とともにプレート運動によって徐々に冷えていき，その変化は7－6億年前を区切りに冷却が加速したことを示しています。では，沈み込み帯のマントルが冷却することによって，地球内部の水の大循環はどう変わっていくのでしょうか。水は地球の表層にあり，地表の気温を一定に保ち表層環境を安定化させるための最も重要な物質です。水の持つもう一つの役割は，地球内部と地球表層の間を循環し，マントル内部に入り込み，そこで内部熱を受け取ることです。そして再び地表に戻り，固体地球を冷却していく媒体な

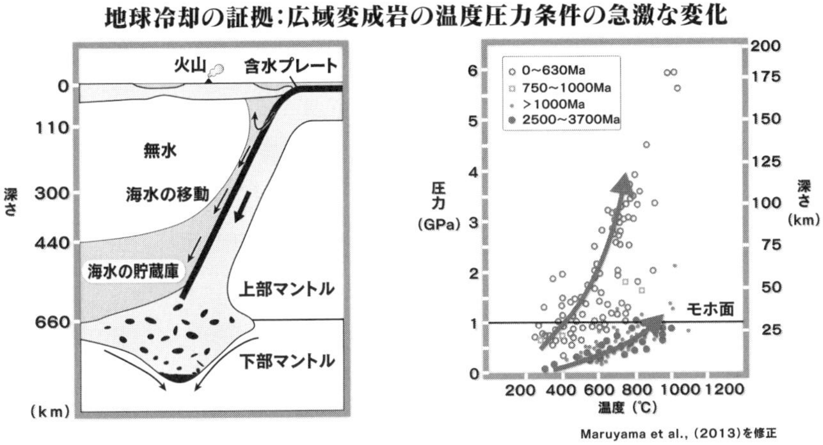

図10-2　地球冷却の証拠

プレートの大循環によって地球内部が冷却してきた。10億年前頃から海溝沿いにマントルが冷却し始め，6億年前からそれが急速に進行したことが広域変成岩の温度・圧力計の変化からわかる。

のです。

沈み込み帯のマントルウェッジと呼ばれる部分の温度が高い時代は，中央海嶺でつくられた含水鉱物は沈み込み帯の浅いところで分解して，水は再びマグマの成分，あるいはもっと浅い場所では温泉水として地表に戻ってきます。冥王代や太古代にはそういう循環が起きていました。つまり，マントルの中に水が入り，そこで含水鉱物として固定されることはありませんでした。従って，水はマントルの中深くには入って行けないので，表層の海洋質量が減少することはありません。しかし，地球が次第に冷えていくと沈み込み帯のマントルへの加水がマントルウェッジ部分から少しずつ始まります。それが原生代末期の状態です。地下30 kmの温度が650 ℃より低くなると，含水鉱物が上部マントル深部に持ち込まれるようになります。400 kmを越える深いところまで持ち込まれると，実はそこにある橄欖石は結晶水として水を含むことができるので，ここに巨大な水の貯蔵庫ができることになります。含水橄欖石という結晶を主成分とするマントル遷移層（410 km～660 km）は，地球表層にある全海洋の質量の5倍の水を保有することができます。これまでにどれくらいの水が表層から運ばれたかを計算してみると，冥王代，太古代にあった海水量を100 %とすると，原生代末期には3 %程度，顕生代になると約17 %程度がマントルに運ばれたという結果になります。

なお，水が移動しているということを直接示唆するのが地震です。現在深発地震は地下660 km深度まで起きます。深部地震は含水鉱物が脱水分解して応力を解放することを意味します。このようにして，現在では上部マントルの底まで表層の海水が含水鉱物として運ばれていくのです。2015年5月30日にマリアナ海溝深部682 kmを震源として地震が起きました。これは，人類が認める地球最深部の地震です。これは，地球史を通じて初めて下部マントルにまで水が循環し始めたことを示唆しているのかもしれません。

4. 水漏れ地球＝Leaking Earth

図10-3は，地球表層の海水が減少し始めると表層環境がどう変わっていくかを表しています。まず，①含水鉱物を含むプレートがマントル内部に沈み込み，そこで脱水分解して地球内部を加水します。すると，表層の海洋質量が減少します（Maruyama and Liou, 2005）。つまり，②海水準が下がります。これが水漏れ地球，Leaking Earthとよばれる事象です。前述したように，7－6億年前に約600 m海水準が急速に低下したということが，当時の大陸の海岸線の追跡でわかります。海面低下によって，③陸地面積が増加します。海溝のすぐ内側の大陸下にあるマントルウェッジが加水されるとポップコーンが膨らむように，大陸の縁は隆起上昇します。一方，海水準は下がりますから，大陸の縁のあたりから選択的に陸地が現れることになります。そして，④大陸上には網の目状に巨大な河川がたくさん生まれることになります。河川を通して陸の栄養塩が堆積物とともに大陸棚に大量に運ばれるようになると，⑤大量の堆積岩が大陸の縁にできるようになります。海水準が約600 mも低下すると，全大陸の約10 %を占める大陸棚の広範囲にわたって底まで太陽光が届くようになります。すると供給される大量の栄養塩を糧に，

大陸棚で太陽光を利用して動植物が大量に発生・進化するということが可能になります，こうして増えた光合成生物による酸素の生産によって，⑥酸素濃度が上がっていくことになります。図中に光合成反応の化学式が書いてありますが，二酸化炭素と水から太陽光を利用して有機物と酸素が生成されるという化学式です。そのようにしてつくられた有機物が堆積物の中に大量に，そして，コンスタントに埋没することによって，大気酸素がそのまま大気に維持され続けることになります。こうして酸素ポンプが巨大化して地球大気は酸化的になります。やがて，大気中に増えた酸素は成層圏へも放出されて，⑦オゾン層が形成されます。すると，酸素をうまく利用するようになった生物たちは，酸素という強力なエネルギーを生む気体を使って代謝反応を促進してさらに大型化して活発に動くことになります。これが動物です。動くことが可能になった動物たちはやがて植物を追いかけて，⑧陸にあがってくるようになります。オゾン層が巨大な壁となって，陸上生物を太陽風や宇宙線から守る役割を果たした結果，陸上が安全な場所となり，上陸した動植物が多様になった表層環境で多種多様に進化しうる生物の黄金時代が始まりました。

このように，地球の冷却に伴って地球表層の海水が含水鉱物という形でプレートに取り込まれ，海洋水がマントル内部に移動し，そこに蓄えられるようになると，海水準は急激に低下し，巨大な陸地を生みだしました。そして，そのことによって大陸棚が有光層化して動植物の進化の養殖場となり，やがて生物は陸上を目指して爆発的に進化するようになったのです。

5. カンブリア紀の生物の爆発的進化

地球表層環境が大きく変わったことで，生物の黄金時代が始まります。この時代の表層環境変動の特徴を理解するためには，エディアカラ紀からカンブリア紀までの時代の特異点研究がカギになります。特異点研究とは，地球史46億年の中でも特に重要と思われる時代の節目の表

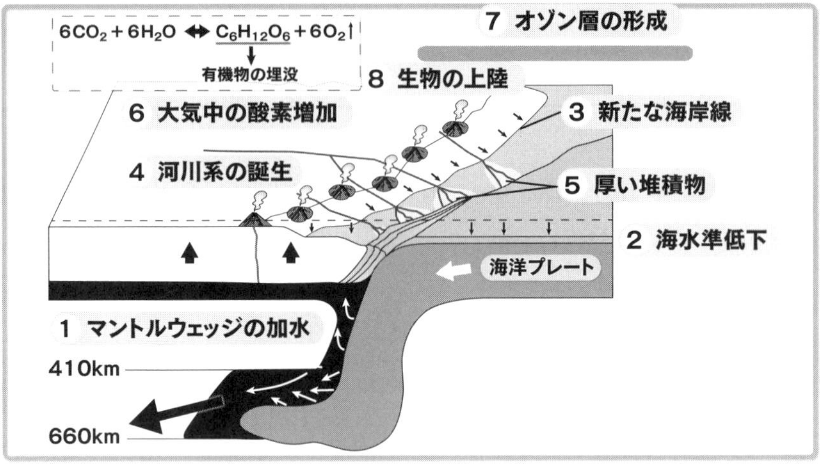

Maruyama et al., (2013)を修正

図10-3　水漏れ地球（Leaking Earth）
沈み込む含水スラブがマントルを加水し，海水準を低下させ，酸素濃度の上昇やオゾン層の形成を招いて，動植物の陸上進出を招いた。

層環境変動の解析を時間分解能を上げて研究することです。例えば，それまで1億年間隔で行われてきた地球史研究が1000年間隔で解読できるようになれば，より詳細で定量的な表層環境の変化とそのメカニズムを理解することができます。

特異点研究を可能にするには，陸上を掘削して得られる連続試料が非常に有効です。南中国のエディアカラ紀の地層は浅海から深海まで様々な堆積場でつくられた地層があり，化石の種類が豊富で，不整合などによる地層の欠如も少なく，変質・変成作用もほとんど受けていない，という条件を持っているので，世界でベストな掘削地域と言えます。こうして，掘削から得られた連続試料の多元素，多同位体元素の分析を行うことによって，当時の環境を復元することができます。そのような掘削試料の分析から得られた化学分析の結果が**第3章 図3-10**に示されています。図中には当時の環境を知るための要素が9つ書いてあります。それらを次に説明しましょう。

大陸地殻の削剥率の変化はSr同位体比から推定が可能です。5.4億年前から始まるカンブリア紀の直前5.5億年前からSr同位体比は上昇し，

5.4億年前に最大になっています。一方でリンは5.5億年前に急増し始めますが，5.4億年前までに，逆に減少しています。これは動物の間で過激なリンの争奪競争が始まった化石学の証拠と対応しています。このように栄養塩の最大の供給があったことがわかります。詳細の説明は省略しますが，カルシウムの濃度，硝酸の濃度，リン酸塩の濃度，そして二価鉄，三価鉄，マンガンなどの個別の栄養素の濃度も図中に示されています。鉄の酸化還元状態がどう変わったかによって，酸素濃度の変化も解析することができます。酸素の安定同位体比は当時の海水の温度変化をモニターすることになります。さらに分子化石などの生物進化に関係した要素を組み入れた化学層序をさらに充実させることができます。さて，この化学層序の変化を見ると表層環境が急激に変化する時期が（1）6.4億年前で，マリノアン全球凍結の終わりの時期には最初の後生動物である海綿が出現します。（2）5.8億年前には，ガスキアスと呼ばれる小氷河期がありますが，その直後からエディアカラ紀の動植物が大量に出現します。（3）5.5億年前には硬骨格を持つ生物が誕生し，（4）5.4億年前に，現代型の生物であるカンブリア紀型生物が本格的に現れ始めます。そして，カンブリア紀の爆発的な進化が起きました。極めて短期間に後生動物が35の門に進化したという古生物学的な証拠を中国の共同研究者たちが明らかにしました。

では，これらの新たな生物の誕生を含む生態系の大変動と対応して，どのような環境変化のもとに具体的にどのような機能を持つ生物が誕生したかの関係を上述の化学層序と比較して，そのメカニズムを解説しましょう。

まず始めの重要なイベントは，マリノアン全球凍結が終了した直後に起きました。Sr同位体比が急激に大きくなり，大陸から栄養塩供給が急増したのです。具体的には，リンとカルシウムの濃度が急激に増加しています。そして，この時期までに最初の後生動物である海綿動物が誕生しました。中国で発見された最古の海綿動物化石は6.35億年前のものであることがわかっています。

次のイベントは，ガスキアス小氷河期（5.8億年前）の直後に起きました。この時代には，硝酸の供給量が増えるのとともにリン酸塩の供給量も増加したのが特徴的です。この時期に，ディッキンソニアなどで知られるエディアカラ紀の動植物群が一斉に出現しました。

そしてその次のイベントは，非常に重要な時代の節目となりました。この頃に，大陸からの栄養塩供給がさらに急増し，それを追うように酸素が急増し，それによって二価鉄の量が減少し，三価鉄が堆積しました。重要なことは，殻をつくるための材料となるカルシウムが海水中に急増したことです。その結果，大陸棚には広大な規模で分厚い石灰岩がつくられました。そして，リン酸塩鉱物や石灰の殻をもつ硬骨格の生物が初めて出現するようになりました。一方では，不思議なことに，この時期にはリンが急激に減少しますが，これは，大陸棚の動物たちが競ってリンを使うようになり，過激な競争と食うか食われるかの弱肉強食の時代が始まったことを意味します。硬い外骨格の武装は動物が他の動物に食われないための鎧となったはずです。

そして，それに続くイベントは，エディアカラ紀動植物群の大量絶滅です。この時期は，バイコヌールと呼ばれる小氷河期があったことがわかっています。地球表層には閉鎖的な海が形成され，そこに大量の栄養塩が後背地から運ばれ，特に硝酸の供給量が最大になります。閉鎖的な海の形成は南中国大陸がゴンドワナ大陸と衝突したことが原因です。大量絶滅をおこした直後の時代に，カンブリア紀の動植物が爆発的に増え始めますが，その中心は南中国のリフト帯であったことがわかっています。

6. 動物進化（体制（Body Plan）の分化）

では，次に生物の進化の話を，化石とゲノムの証拠をもとに簡単にまとめてみましょう（**図10-4**）。

後生動物はカンブリア紀前期の短期間に急激に35の門に分かれました。私たち人間の祖先の脊椎動物もこの時期に生まれました。35の動物の種類の違いは，体を形づくる体制（Body plan）つまり，体の基本的な構造をつくる遺伝子が，他のものとは異なるということを意味しています。その個別的な遺伝子が誕生したのがカンブリア紀初期です。例えば，魚は脊椎を持つことが大きな特徴となっている脊索動物門に属しています。人間も脊椎動物門にはいります。ヒトデは棘皮動物門といって棘のような皮を持つことが特徴で，タコは筋肉質な軟体が特徴の軟体動物門に入ります。カニは節足動物門で昆虫なども節足動物に含まれます。海綿は海綿動物門に属し，器官などが明確に分化しておらず，内壁に多くの穴をもつ，といったような体の特徴をそれぞれ備えています。こういった動物の進化は体制（Body Plan）の異なる動物がこの時代以降に次々生まれてきたことによるものです。

このような進化の記録を化石の証拠から見ると，たとえば，最初の魚の化石が見つかっているのは南中国のチェンジャンという場所で，それが5.2億年前ごろです。ゲノムの塩基配列から，現在生きている生物のゲノムの系統解析をすることによって，後生動物のほとんどの門のルーツがカンブリア紀直前の，おそらくエディアカラ紀に出現した，と考えられるようになってきました。ただし，正確な時代についてはまだまだ議論が残っています。

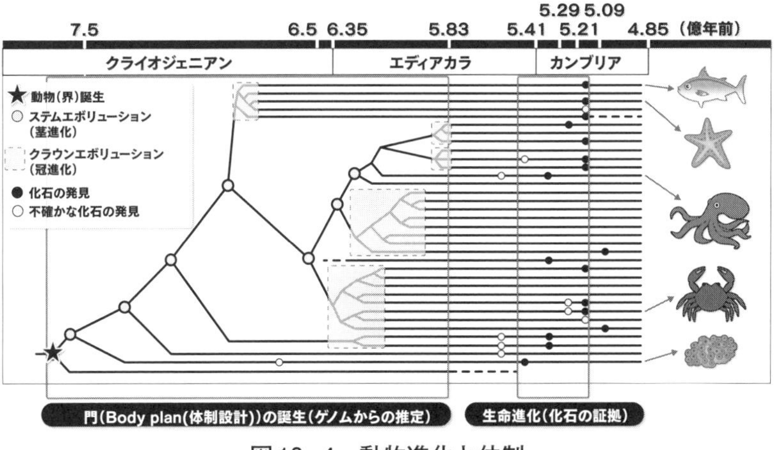

図10-4　動物進化と体制

ゲノム系統樹と化石の証拠から推定した後生動物誕生までのシナリオ（Shu et al. , 2014）。化石の証拠とゲノム系統樹を比較すると，後生動物の起源はエディアカラ紀の後期に遡ると推測される。

7. 宇宙変動に対する地球システムの応答

最後に，カンブリア紀初期に起きたイベントをシステム変動としてまとめてみましょう。

原生代と顕生代の境界時期に，全球凍結が起こったことは第9章で説明しました。このような地球規模の大変化は宇宙変動が原因であると考えられます。**第9章 図9-5**ではスターバーストという外力によって，ヘリオスフェアが縮退するという応答が起き，その結果，地球が大量の宇宙線にさらされたということを示しました。このような宇宙の変動が原生代末に起きた地球システムの変動の出発原因の一つです。実はこの時期の銀河系における星形成率はさほど高くありませんが，地球磁場が弱くなったために相対的に宇宙線量が増えたと考えられます。そして，原生代末期には，地球表層ではロディニアという超大陸が形成されました。重要なのはその位置で，超大陸ロディニアは赤道付近に形成されました。そのために，超大陸ロディニアの下，つまり，外核の赤道付近に冷たいスラブが落ち込んだために，それまでの南北方向にあった対流筒に加えて，それと直交する方向にも外核内部の対流筒が発生したため，それまでの対流が妨害され，弱くなり，地球は双極子磁場から四重極磁場へと変わりました。これは，スラブの崩落に対し核システムが応答し，磁場を変えたという地球起源のシステム変動だということができます。

地球が双極子磁場を保持している時には，銀河風や太陽風でもたらされる高エネルギー粒子が地表に降り注ぐのを地球の磁場が妨げています。ところが，四重極磁場へと変わると，地球を防御するはずの磁場が弱くなり，宇宙線がより多く地表へ降り注ぎ，雲を形成し，地球の平均気温が下がることによって全球凍結が起きました。そのために地球生態系はエディアカラ紀に大変動を被りました。

次に，地球の内力の変化によって生態系が応答するという例を見てみましょう。

地球の内力として，生命進化を大きく左右する要素の一つがHiRマグマです。HiRマグマは豊富な栄養塩の供給母体であると同時に，ゲノムに損傷を与え，局所絶滅を招き，生命進化を加速します。しかし，そのような効果をもたらすには，HiRマグマは大陸上で噴出することが必要です。海洋内で噴出しても，栄養塩は濃集しません。HiRマグマも散逸してしまい，生命進化を加速しません。HiRマグマをもたらすプルームはリフト直上の大陸の広大なエリアを押し上げ，大陸を割り，新たな大陸棚をつくる大きな力を持っていますが，一方で，600 mに達する海水面の相対的な低下によって，大陸棚の有光層が拡大し，太陽光を利用できる環境が拡がります。この時代になって初めて全大陸物質の10 %に達する大陸棚が海水面の大幅な低下によって初めて有光層になったのです。太陽エネルギーを利用できる生命活動の場にHiRマグマの放射性元素が噴出することによって，生物進化は加速されますが，これは，海水準の低下という地球システムの変動に引き続いて，HiRマグマの噴出という内力に対し，生命が応答したというシステム変動の組み合わせであるということができます（Ebisuzaki and Maruyama, 2015）。

引用文献

Ebisuzaki, T., Maruyama, S., 2015. United theory of biological evolution：Disaster-forced evolution through Supernova, radioactive ash fall-outs, genome instability, and mass extinctions. Geoscience Frontiers 6, 103-119.

Maruyama, S. and Liou, J.G., 2005. From snowball to Phanerozoic Earth. International Geology Review 47, 775-791.

Maruyama, S., Ikoma, M., Genda, H., Hirose, K., Yokoyama, T., Santosh, M., 2013. The naked planet Earth：Most essential pre-requisite for the origin and evolution of life. Geoscience Frontiers 4, 141-165.

Maruyama, S., Sawaki, Y., Ebisuzaki, T., Ikoma, M., Omori, S., Komabayashi, T., 2014. Initiation of leaking Earth：An ultimate trigger of the Cambrian explosion. Gondwana Res. 25, 910-944.

Ronov, A.B., Yaroshevsky, A.A., Migdisov, A.A., 1991. Chemical constitution of the Earth's crust and geochemical balance of the major elements（Part I）. International Geology Review 33, 941-1097.

Shu, D., Isozaki, Y., Zhang, X., Han, J., Maruyama, S., 2014. Birth and early evolution of metazoans. Gondwana Res. 25, 884-895.

研究課題

1. 堆積岩の形成量の経年変化について把握し，陸地面積の変化との関係性を理解しましょう。
2. 約6億年前に巨大陸地が出現した原因とそのメカニズムを説明しましょう。
3. 地球が冷却してきたことを示す証拠をまとめてみましょう。
4. カンブリア紀の生物の爆発的進化に至る環境変化を把握しましょう。
5. 生物進化の結果，35の門に分かれましたが，それぞれの門の特徴について調べてみましょう。

11 古生代：多様な表層環境の再出現と生物進化

丸山茂徳・磯崎行雄

はじめに

古生代は，広大な陸地が本格的に地球上に出現した時代です。その大陸が分裂・移動を繰り返し，新たな大陸と衝突融合し，超大陸が生まれるという，超大陸の分裂と融合が周期的に起きた時代です。その結果，大陸はそれぞれ多様な表層環境を時間とともに次々と生み出し，多種多様な生命を進化させることになりました。特に陸上に出現した動植物は表層環境変動に非常に敏感になります。宇宙に対して剥き出しの環境，防護壁がないというのが陸上の宿命だからです。そのようにして動植物が古生代に初めて陸上に進出し大進化を遂げます。こうして生まれた動植物の黄金時代が，2億5000万年前の古生代末の大量絶滅によって大きな打撃を受けます。本章では，そのような古生代の歴史を扱います。

《キーワード》 大陸古地理図，大陸の離合集散，塩分濃度，大量絶滅，宇宙の変動

1．古生代概観

まず最初に，顕生代6億年間の地球史を概観しましょう（p. 172**図11-1**）。図の上から順に解説しましょう。まず，植物進化についてみると，シアノバクテリアのような微生物や藻類に加えて，地衣類やコケを中心にした植物がカンブリア紀までに陸上に出現し，やがてシダ植物と種子植物である裸子植物がオルドビス紀までに出現します。動物進化を見ると，先に陸上進出した植物たちを追って動物が進化します。昆虫などの節足動物はカンブリア紀までに陸上に進出したはずです。カンブリア紀に生まれた脊椎動物はまず魚類に進化し，ヤツメウナギのような無顎類からヒレに骨と筋肉がついたシーラカンスが生まれ，それに引き続

いて四つ足の動物である四肢動物，そして両生類が生まれ（シルル紀），そこから爬虫類が生まれます（石炭紀）。そして，古生代末までに哺乳類が出現したということが化石の証拠からわかっています。

次に，動物の科のレベルの数の変遷がまとめてあります。これらはRaup and Sepkoski（1984）によってまとめられたもので，大量絶滅の時代と絶滅のレベルの定量的な議論を可能にしました。それによると，カンブリア紀型の動物は古生代半ばにほぼ絶滅し，それに代わって古生代型の動物が現れて繁栄し，地球は動植物で埋め尽くされました。しかし，古生代末に多くの動植物が絶滅しました。

さらにその下枠には，深海堆積物あるいは泥岩の中のイリジウムの濃度が桁違いに増えた時代を印してあります。

さらにその下に，地球に落下した巨大隕石とクレーターのサイズが描いてあります。クレーターのサイズは50～100 km，あるいは100～150 kmのサイズに分けて，落下した時代にプロットしてあります。これを見ると，巨大クレーターが集中して落下した時代が見てとれます。その代表例は，中生代－新生代境界（K/Pg境界）です。過去5億年の中で最大の絶滅と言われる古生代末の大量絶滅の時代に巨大な隕石の落下やイリジウムの異常があったことは現在までのところ認められていません。しかし，古生代半ばや中・新生代境界の時代にかなりの隕石が地球に落下したことは明白です。

その下の図は固体地球のプレート運動の活発さを示しています。図の下の数字は大陸の数を示し，1は超大陸を意味します。つまり，地球上の大陸がすべて一つになった時代を意味しています。古生代の最初の頃にゴンドワナという超大陸がありました。そして，古生代の終わりにパンゲアというもう一つの超大陸ができました。その間に大陸の数が最大で7－8個に分かれたということを示しています。図中の曲線は中央海嶺玄武岩の生成量の変化を示しています。良く知られているのは，古生代の半ばに異常に活発なマントル活動があったことです。これは，沈み込み帯でできる花こう岩の総量の変化から間接的に推定した中央海嶺玄武岩の量の変化を意味します。そして，この活動は古生代の後半，石炭紀からペルム紀にかけて約半分以下に衰えたということを示します。

さらに，その下に気温の変化と酸素濃度の変化のパターン，さらに海水準とストロンチウム同位体比が描いてあります。古生代の気温は，前半は高温ですが，古生代最後の石炭紀からペルム紀にかけて低下し，大量絶滅直前に最低になったことがわかっています。これは，氷河の出現と消滅からも支持されます。そのことはストロンチウム同位体比によっても非常に明確に支持され，同位体比が顕生代を通じて最低になるのがこの時代です。その直後の2億5000万年前のPT境界に酸素濃度が顕生代史上最低になったことがわかっています。海水準変動は2億6000万年前のGL境界に現在よりさらに100 m近く低下したということがわかっています。このことは短期間ではあるが氷床が大きく発達したに違いないことを示唆しています。

このように表層環境が次々と変化していく中で，動植物が陸上進出を果たしました。そして植物が行った光合成によって，石炭紀の時代には酸素濃度が現在の値（21 %）よりも高く30 %まで増加しました。ところが，古生代末期にその酸素が急激に少なくなり，生物の大量絶滅を起こしたというのが古生代の概観です。

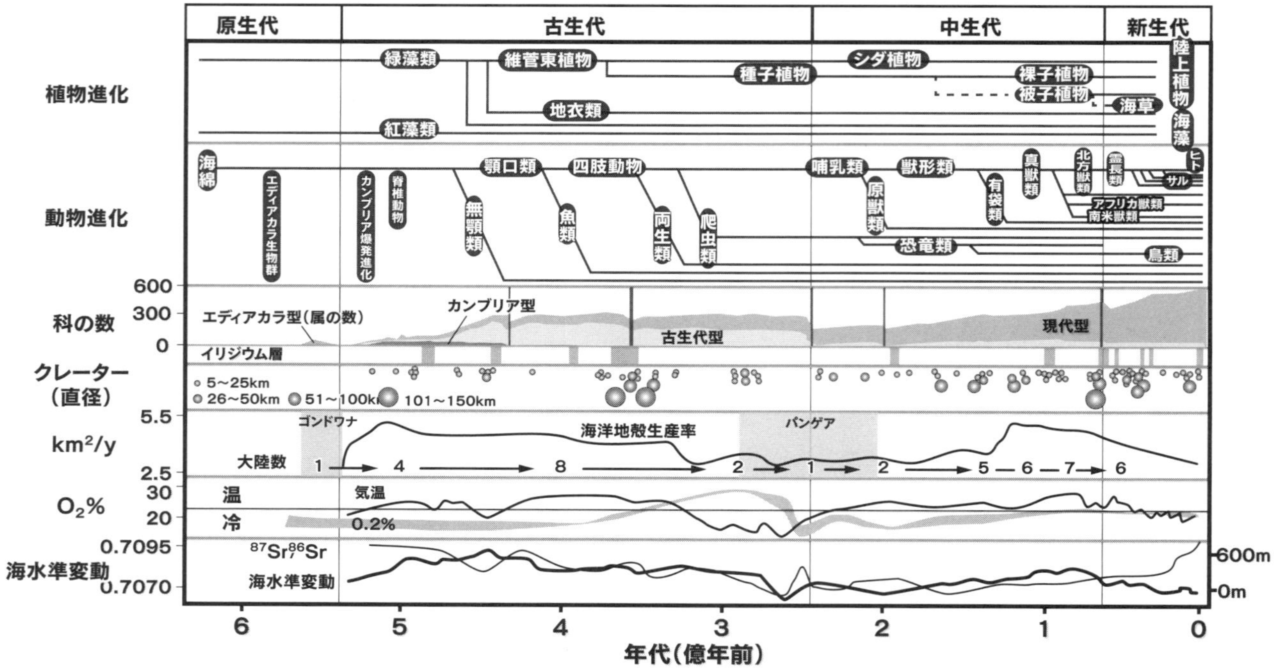
原生代
古生代
中生代
新生代
植物進化
緑藻類
維管束植物
種子植物
シダ植物
裸子植物
被子植物
地衣類
海草
紅藻類
陸上植物
海藻
動物進化
海綿
エディアカラ生物群
カンブリア爆発進化
脊椎動物
無顎類
顎口類
魚類
四肢動物
両生類
爬虫類
哺乳類
原獣類
獣形類
恐竜類
有袋類
真獣類
北方獣類
霊長類
アフリカ獣類
南米獣類
サル
ヒト
鳥類
科の数
600
300
0
エディアカラ型（属の数）
カンブリア型
古生代型
現代型
イリジウム層
クレーター（直径）
5～25km
26～50km
51～100km
101～150km
km²/y
5.5
2.5
ゴンドワナ
パンゲア
海洋地殻生産率
大陸数
1
4
8
2
1
2
5
6
7
6
O₂%
30
20
温
冷
気温
0.2%
海水準変動
0.7095
0.7070
⁸⁷Sr/⁸⁶Sr
海水準変動
600m
0m
6
5
4
3
2
1
0
年代（億年前）

図11-1　古生代の概観

2. 古生代における大陸の離合集散

古生代初期（約6億年前）に本格的になった海水準の急激な低下によって，陸地面積が10％から30％へ急増し，それとともに大陸棚の底にまで太陽光が届く新しい時代が訪れました。これは，大陸棚が生物進化の温室，楽園になったということを意味します。その結果，藻類が陸上に進出して，植物となり，植物による光合成が大気酸素を急増させました。それに少し遅れて，後生動物が上陸し，地球表層環境はさらに多様に変化しました。このような生物進化に拍車をかけたのが大陸の分裂と移動，そして再融合です。その具体的なプロセスは以下の通りです。

古生代の少し前の8−7億年前頃までに，赤道地域を中心に超大陸ロディニアが地球表層にあったことがわかっています（**第1章図1−5**）。これが次々と分裂し，5個から10個くらいの小さな大陸に割れ，約5億4000万年前頃までに南極点を中心に超大陸ゴンドワナとして再融合しました。その後，超大陸ゴンドワナが再び7−8個に分裂し，それらの大陸群が北上して，北半球に古アジア，あるいはローラシアと呼ばれる大陸が2億5000万年前にできました。この北半球のローラシアと南側に分裂しない状態で残ったゴンドワナ大陸とは，見掛け上一つにつながった状態になりました。これを超大陸パンゲアと呼んでいます。しかし，これは見掛け上の超大陸であり，いわば疑似的超大陸です。その理由は，南側のゴンドワナ大陸はまだ分裂・融合の途中の過程であるためです。ゴンドワナ大陸の南半分は，将来，すべて分裂し，その後，アジアを中心に融合し，北極を中心とした超大陸アメーシアが2，3億年後に形成されます。その時が真の意味での超大陸の誕生です。

3. 塩分濃度の経年変化

生命進化を決める表層環境変動の中でも，最も重要な変化は塩分濃度の減少です。例えば，死海（**図11−2**(6)）という湖がありますが，雨が少なく蒸発が盛んな土地であるため死海の塩分濃度は高く，現在の海洋の塩分濃度の10倍にもなり，動物は住むことができません。

過去10億年間の地球における塩分濃度の変化曲線を示したものが**図11-2**(a)上です（Saito, 2015）。現在の塩分濃度は565 mmol/kgです。この塩分を1サリニティユニット，1SUという単位と定義します。塩分濃度の経年変化を過去に遡っていくと，塩分濃度が上がっていきます。このような過去の塩分濃度は，鉱物中に含まれる流体包有物の成分を分析することによって得ることができます。**図11-2**(c)の写真は，流体包有物の顕微鏡写真です。白く丸い部分は空気で，顕微鏡の台をとんとんとたたいて揺らすと中の空気が揺れることから，液体が包有されているこ

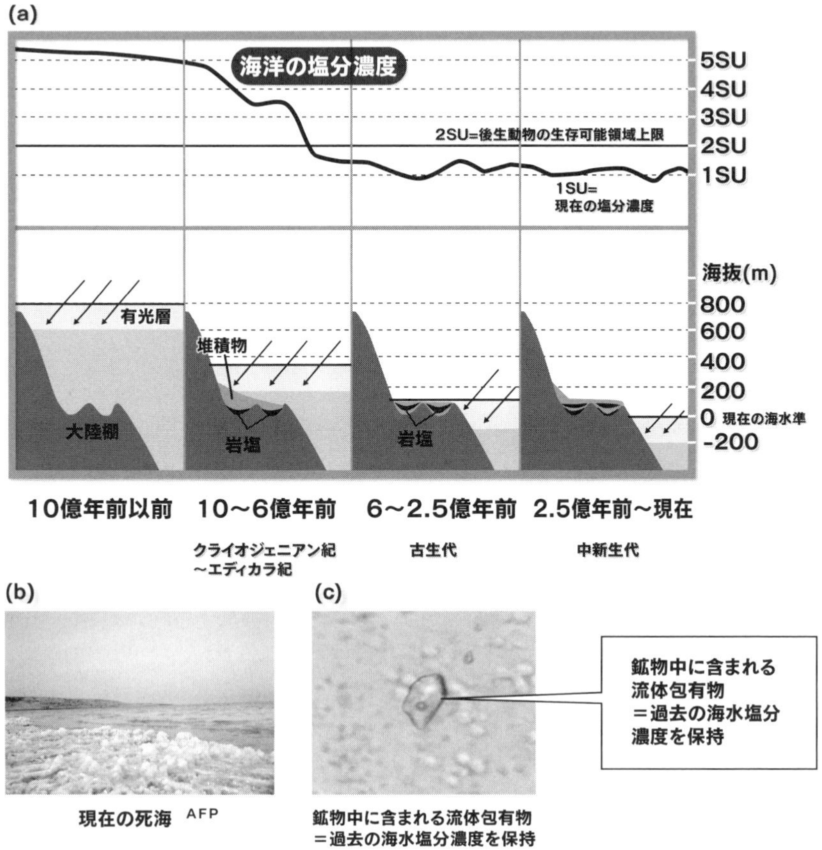

図11-2　塩分濃度の経年変化

とがわかります。この液体の分析によって得られたデータから推定された塩分濃度の経年変化が，**図11－2**(a)の曲線です。太古代と原生代ではおおざっぱには現在の約5倍，つまり，5SUの塩分が海洋に含まれていたことが最近の研究によってわかりつつあります。このような高塩分濃度の環境では，動物は生息することができません。非常に硬い特殊な細胞壁をもったシアノバクテリアのような生物，藻類を除き，外部から栄養を取り込むために柔らかい細胞の外壁をもつ動物はこのような高塩分水の中では生きていけません。その理由は浸透圧の問題です。細胞内を満たしている有機物や無機的成分は，細胞の外側よりも内部が高濃度になっています。それが動物の細胞です。細胞の内側よりも濃度が高い海水の中に入ると，細胞膜の内部の成分が外部へ逆流してしまいます。つまり，生物の重要な成分が膜から漏えいすることになり，生物は生きることができないということになります。そのような浸透圧の境界値が約2SUです。これは実験からも明らかですが，自然界でも同様に観察することができます。西オーストラリアのハメリンプールと呼ばれる，大陸の奥深くにある内湾は，塩分濃度が高いため動物が棲むことがほとんどできません。

エディアカラ紀の始まり，約5億8千万年前までに，外洋の塩分濃度が非常に高い状態から急激に減少し始めます。ではなぜそういった変化が起きたのでしょうか。

図11－2(a)下図は，10億年前以降からの海水準の大ざっぱな変化を示しています。現在の海水準をこの図で200 mのレベルとします。海面下200 mまでは太陽光が到達する有光層です。約10億年前以前の海水準は現在よりも800 m近く高かったことがわかっています。10億年から6億年前頃には海水準は現在よりもまだ約400 mほど高く，古生代頃にも現在より200 mほど高いレベルでした。厳密にいうと，海水準は短期間に上下しますので，ここで示した海水準に±200 m程度の変動があると考えてください。氷期―間氷期の周期的変化などによって，海水準が短期間に大きく変動するということが一つの重要なポイントです。

この図は陸地の断面図を模式的に描いてあります。図の左側には高い山があります。陸地の地形のでこぼこが描いてあるところは，大陸棚だと思ってください。図の一番右側を例にとって解説しましょう。もし，海水準が上昇すると，この地形的へこみに内湾ができ，その内湾には海洋の塩水がたまることになります。海水準が下がると，その凹みは大陸内部に孤立した湖となり，水分が蒸発するとやがてそこに岩塩ができることになります。いったん岩塩ができ，その上に堆積物がたまると，たとえ数mであってもその下の岩塩が上位の水と反応してとけ出すことはなくなります。このようなメカニズムによって，海洋から岩塩が陸地の中に閉じ込められます。その結果，海洋の塩分濃度が次第に下がっていったということがわかっています。このような変化は10億年より前にはありませんでした。なぜなら，陸地がほとんどなかった時代だからです。

もう一つここで説明しておきたいのは，有光層についてです。生物にとって太陽光を有効に使えるのは海水面から200 mの深さのところまでです。これが有光層です。現在では大陸棚は水深200 mくらいのところにありますが，6億年前より古い時代には海水準が高すぎたため大陸棚の底まで太陽光は届きませんでした。6億年前までに海水準が低下することによって大陸棚が有光層に変わり，太陽光を有効に使えるようになったのです。

4. 動植物の進化

固体地球システムの変動によって，理想的な環境が動植物進化のために準備され，地質学的には非常に短期間に動植物が大進化を起こします。5億2000万年前，最初の魚類が誕生しました。これが，我々脊椎動物の共通祖先です。古生代には，魚類から四足で歩く動物である四肢動物が進化し，やがてそこから両生類が生まれます。さらにそこから爬虫類が生まれ，最後に哺乳類が出現するのが，古生代末前後です（**図11-3**）。哺乳類が誕生した時期という点で，古生代は非常に重要な時期と言えます。

生物の分類という点で見ると，まず動物界の誕生ののち，脊索動物門ができ，そうして脊椎動物亜門ができます。網に対応するのが哺乳綱ですが，慣例上，哺乳類と呼びます。さらに細かい分類として，霊長目が誕生して最後にヒト属が現れます。古生代はそういう意味でわれわれ脊椎動物の大進化の始まりの時代で，哺乳類誕生までの時代であると考えられます。

図11-3は脊椎動物の進化の様子を示したものです。これは脊索動物門から，まず魚類の大進化が起きたことを描いてあります。この図の右側約半分は魚類で占められています。最も原始的な魚類の一つがこの一番右側に書いてあるヤツメウナギなどの円口類です。そして，よく知られているシーラカンスは両生類に最も近い魚として位置づけられます。その後，デボン紀になると，魚類から進化した両生類の祖先イクチオステガが誕生しました。その共通祖先から爬虫類が誕生し，そしてその爬虫類から多種多様な恐竜の進化が起きます。古生代末になるとそこから哺乳類が生まれて，中・新生代に本格的な進化を遂げていきます。

図11-3右側には，魚から四肢動物への進化の過程を示しています。環境の変化に応じて，ヒレが前足と後ろ足に次第に進化し，最後に四肢動物へと進化したことが化石上の証拠から示されています。

このように古生代は多様な動植物が進化して，現代のような地球生態系の基本骨格がつくられていく時代ですが，この時代に最も繁栄した動物の代表と言えるのが三葉虫です。三葉虫は，カンブリア紀の大爆発の時代に地球に誕生した節足動物で，古生代を通じて大繁栄しました。繁栄の理由の一つは，目の発明です。三葉虫は，方解石からできた複眼の目を持っていたことがわかっています。動物にとって，最も効率の良い栄養の取り方は，植物ではなく，同じ動物の仲間を捕えて食べることです。その弱肉強食の時代はカンブリア紀に始まり，目を発明した三葉虫が動物界の王者になったのは必然と言えるでしょう。

三葉虫の例に見られるように，生物の体内で鉱物をつくり出し利用することを生体鉱化作用といいます。方解石でできた目の発達は，この時期の海洋に大量のカルシウムイオンが供給されたことが原因です。当時

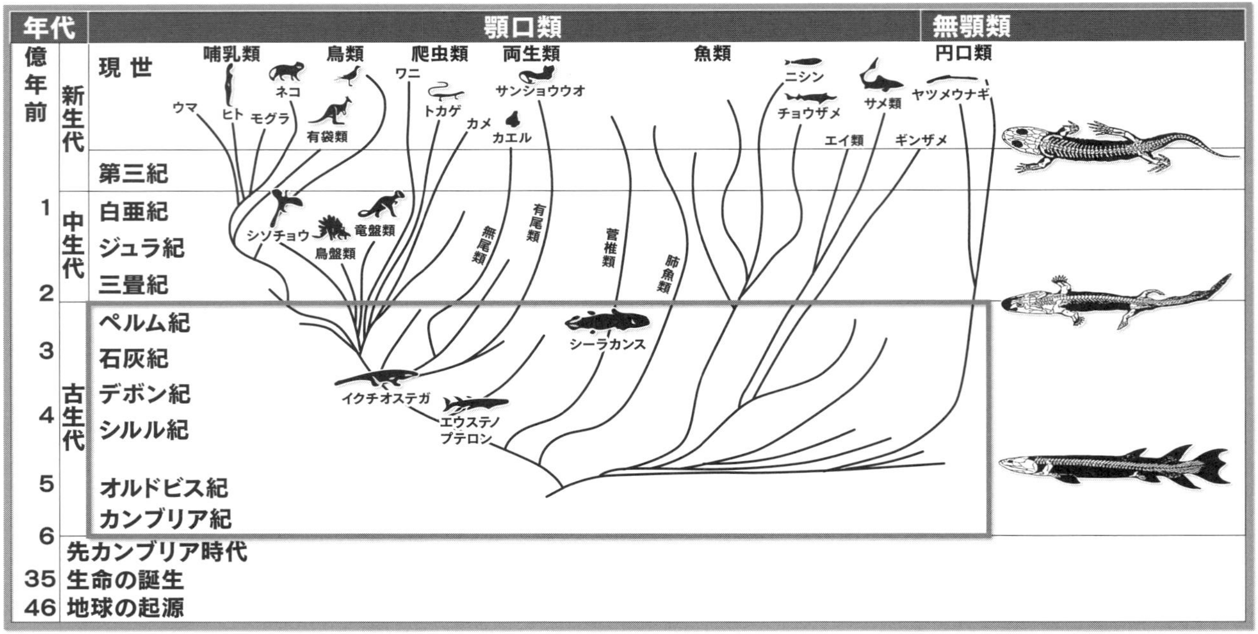

新版地学辞典付図付表・索引(1996)平凡社)

図11-3　脊椎動物の進化
(魚類の進化以外の複雑な部分は省略)

の陸地面積はそれ以前の約3倍に増え，大量の栄養塩が陸地から供給されるようになりました。半ば閉鎖された内湾のような環境の下で，多種多様な無機鉱物が閉鎖海の海水中に飽和して，生体鉱化作用が大規模かつ普遍的に起きました。その結果，三葉虫は目を発明し弱肉強食の時代を生きながらえる機能を備え，古生代に大きく繁栄しました。

5. 植物進化

古生代の動物進化に先行して，植物は陸上に進出し，これによって動物も進化を遂げました。植物の出現した時期を，近年急速に進んだ化石証拠に基づいてまとめると，シアノバクテリアは，先カンブリア時代から湖沼や河川に沿って棲息していたことがわかっています。そのあと，原生代後期（約10億年前）になると多細胞植物である藻類がエディアカラ紀までに誕生します。そして，そこからコケ植物，地衣類が分化し，陸上に出現しました。直接的な根拠はまだ見つかっていませんが，最初の苔はカンブリア紀かそれ以前に出現し，そこから次のシダ類，イワヒバ類などのシダ植物がオルドビス紀までに出現したと考えられます。シダ植物の最初の出現はシルル紀であることが確実視されていますが，こちらも近年の小動物の陸上への出現時期の解明によってカンブリア紀に遡るのではないかということが推測されています。

厳密には，太古代に遡って，シアノバクテリアを含む土壌微生物が湖沼などの湿地帯に進出していたはずです。わずかな陸地に陸上生態系の基本骨格として存在していました。それらは原生代終わりにあたる10億年前から6億年前頃までに多細胞の藻類へと進化し，さらにデボン紀に大型植物として本格的な大進化を遂げることになります。背丈が数10cm程度のものから，やがて高さ20 mを超える植物が大森林を形成することになります。石炭紀は裸子植物の大繁栄の時代となり，古生代の終わりまでに地球の陸地は巨大な森林に覆われることになります。

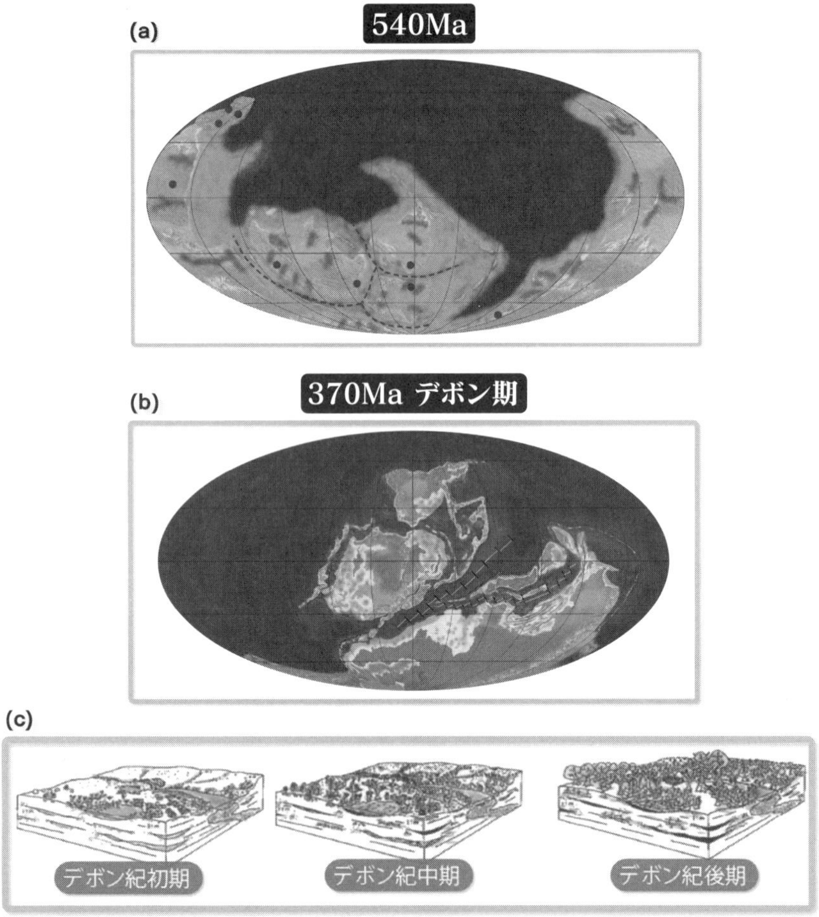

図中の濃い灰色部分は海洋を示す。大陸周辺の薄い灰色の部分は大陸棚を示す。破線は中央海溝を表している。

図11-4　古生代の大陸古地理図

（Scotese, 2006をもとに修正，Scheckler, 2001）

6. 古生代の大陸古地理図

次に，古生代の表層環境変動を軸に大陸古地理図とともに読み解いていくことにしましょう。

図11-4(a)は，5億4000万年前の大陸古地理図です。この時代には，超大陸ゴンドワナが南極を中心に誕生する直前の時代ですが，超大陸の形成前後から大陸は割れていきます。中央部がシベリア，その南がバルチカ（現在の北欧）という大陸で，左側が北米大陸に当たります。この時期には，大陸の縁や，河川沿い，内陸の湖沼や湿地帯に藻類を中心とした植物が進出しました。それを追いかけて昆虫などの節足動物が陸上に進出していくことになりますが，重要なことは，そのような変化を起こしえたのは，海水のマントルへの逆流によって，広大な大陸棚という有光層が出現したことが出発原因です。この頃の陸地は湖沼，河川沿いや湿地帯を除いてまだ赤茶けた裸の土地でしたが，次第に緑が川沿いに進出し始めます。そして，この直後の5億8000万年前にエディアカラの動植物群が大陸棚で爆発的に進化していくことになります。その時までに海洋の塩分濃度が5SUから2SUまで下がっていました。それは陸上の干潟に岩塩がつくられ，海洋から隔離されたからです。エディアカラ動植物群は分裂していく超大陸のリフトや内陸の湖沼などの湿地帯と大河川の河口や周辺の拡大した大陸棚を舞台に大発展しました。

カンブリア紀（5.42～4.88億年前）になるとゴンドワナ大陸の分裂は加速し，中央部の北米―シベリア－北欧と南米の間の海洋が大きく拡大し，そのリフトに沿った淡水から汽水域で魚の爆発的進化が進行します。現在のアマゾン川は奇跡的な場所で，フェイルドリフト（Failed rift）としてこの頃から現在まで淡水域として魚類の進化場になったはずです。同時に節足動物である昆虫や三葉虫が大進化しましたが，それらはスコットランド，ロシア，カナダ西部，南中国，オーストラリアなどに化石記録として保存されています。

図11-4(b)は，約3億7000万年前のデボン紀の時代の大陸古地理図です。この時期は，陸上植物が急速に大繁栄をする時代です。赤道をはさんで南北30°前後には赤茶けた砂漠地帯がありますが，その地域を除い

て陸地は緑に覆われています。**図11-4**(c)にデボン紀を通した植物大進化の様子を模式的に描いてあります。デボン紀初期の頃には，支流の谷から川沿いを中心に植物が次第に数と量を増やしていく様子が描いてあります。湖沼や湿地帯，地下水脈にまで植物が出現し，それに引き続いて昆虫などの小動物が本格的に上陸を始めます。デボン紀中期から後期になると背丈の高い木，高さにして20－30 mまで到達する植物群が出現し，大森林を形成するようになります。このような繁栄は石炭紀にピークに達します。石炭紀は酸素濃度が現在に比べ1.5倍高い時代です。種子植物は高さが最大30-40 mに達するようになります。これらの多くは，浅海堆積物の中に石炭として埋没して化石化していますが，産業革命以降の人類の躍進に大きな貢献をした資源です。これらはスコットランドやカナダのノバスコシアという地域に化石として大量に保存されています。

7. プランクトン

ここまでは動植物の中でも，目に見えて理解しやすいものを中心に解説してきましたが，これらの動植物を支えているのは，さらに小さな動植物プランクトンです。特に植物プランクトンが古生代にどのように進化していったかを簡単にまとめてみましょう。

太古代に出現したシアノバクテリアは原生代初期には真核藻類へと進化します。そして古生代になると，さらに紅藻，褐藻，緑藻といった色の違う藻類に進化します。そのうちの緑藻が古生代の初めに陸上に進出し，陸上の征服を果たします。その結果，浅海では緑藻の占める割合が減少して，大陸棚の海の色は緑の色から黄色に変わったといわれています。中新生代にはさらに内部共生，2次，3次の共生を経てハプト藻類，ユーグレナ，渦鞭毛藻，珪藻へと進化発展していくことになります（Falkowski et al, 2004)。

8. 古生代/中生代境界での大量絶滅

陸上を征服した動植物は古生代に大繁栄しますが，その状況が古生代末に一変します。これが古生代―中生代境界に起きた大量絶滅と言われる事変です。この大量絶滅の起こった時期に，大気・海洋中の酸素が急激に減少したということが地球上に残された記録からわかっています。次に，古生代―中生代境界（PT境界）に起きた大量絶滅の原因を探っていくことにしましょう。

図11-5は，ペルム紀から三畳紀の地層がほぼ整合に露出している南中国の浅海大陸棚堆積体に残された動物化石の種類の変化を示しています。細かな縦線は化石種を示し，1本の線に対して1種が対応します。2億5000万年前を境に左側の150種類以上の動物が消えてしまう，同時大量絶滅が起きたことを示しています。この時期以外でも，やや小規模な絶滅が数回あったことがわかりますが，ペルム紀末の絶滅は非常に限られた動物しか生き残らなかった点で，極めて大きな絶滅事変であったことがわかります。

大量絶滅に関して，これまでに確認された事実として，脊椎をもたない海洋無脊椎動物である三葉虫や有孔虫の1種であるフズリナなどがほとんど絶滅してしまったことがあげられます。そして，陸上でも爬虫類，両生類，昆虫の過半数が絶滅しました。しかし，化石記録をより細かく見ると，実は2段階にわたって絶滅が進行したことがわかっていま

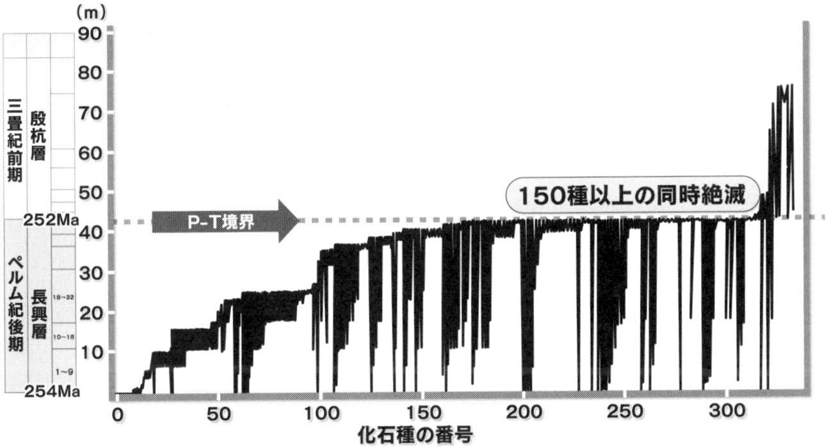

図11-5　古生代/中生代境界の生物の絶滅パターン

す。その2回というのは，2億6000万年前のGL境界と2億5000万年前のPT境界です。この2回にわたって大規模な絶滅が起こったのです(Isozaki et al, 2007)。

GL境界の時代には海水のSr同位体比の異常が認められ，海水準が顕生代で最低になったことがわかっています。そのことは，約1000万年以内という非常に短期間ではあるが，地球の寒冷化によって氷床が巨大化したことを意味しています。さらにほぼこの時代に，シベリアと南中国で大規模な洪水玄武岩の火山活動が起こり，さらに同時期に，それまで安定していた地磁気が，頻繁に逆転を起こす時期に入ります。このような地磁気の反転は外核に大きな変化があったことを意味しています。

そして，2億5000万年前になると，超海洋の深海ならびに浅海で酸素濃度の激減が起きたこともわかっています。これは海洋の超貧酸素事変と呼ばれています。

9. 古生代末の大量絶滅に見られる最も重要な観察事実

このような大量絶滅が起こった古生代末の環境変化を示す最も重要な要素は，炭素同位体比，Sr同位体比，海水準の三つです。

炭素同位体比は環境変動の指数です。GL境界とPT境界の双方において，ともに大きく上昇し，特にPT境界では，ごく短い期間に複数回の振動が見られます。このような変動は地球内部に起因するシステム変動による環境変動では説明が困難な変動です。

Sr同位体比がとりわけ，GL境界で最小になり，それに呼応して海水準もこの時期に大きく変動したことがわかっています。これは，この時期に地球の両極の氷床が急激に拡大し，顕生代で最も寒冷化したことを意味します。

では，古生代末の気温と酸素濃度の変化を詳しく見てみましょう（**図11-1**）。2億6000万年前のGL境界では，急激な気温低下と海水準の低下がみられます。この時期にかなりの動植物が絶滅しました。気温が回復し，海水準が上昇していく途上の2億5000万年前に酸素濃度が突然急激に低下します。これがPT境界で起きた，過去5億年の間の最大規模の大量絶滅の背景にあった環境変動です。

このような2度の大量絶滅の原因ですが，1回目は急激な寒冷化，2回目は極端な酸素不足が直接的な原因ですが，このような環境変化を起こした出発原因と絶滅に至る個々の現象の連鎖については未解決のままです。ただし，大量絶滅の原因には既に諸説が提案されています。大量絶滅の原因の単因モデルとして，これまでに，寒冷化・温暖化，隕石衝突説，巨大火山噴火説，近傍超新星爆発説，酸素欠乏説，メタンハイドレート崩壊説など様々なモデルが提案されてきました。しかしこれらはすべて，どの説においても究極の原因について言及したわけではありません。近年では，それを意識して複合連鎖モデルが提案されています。これには，地球のシステム変動による地球内原因説と，太陽系の内外の変動に起因すると考える説が提案されつつあります。

最も大事なことは，大量絶滅の原因は地球システムの変動であることは疑いがないということです。究極の出発原因がなんであり，その原因によって地球システムとしてどのような応答を行って，生物が最終的に死んだかということが説明されなくてはなりません。そして，大量絶滅のあとには，新たな生態系ができあがるまでのプロセスがあり，それを解読することも，もう一つの重要な鍵になります。統一的なモデルを打ち立てるには現段階ではまだ困難な状況ですから，今後の理解に向けた最新の考えを一つ紹介しておくにとどめます。

10. 大量絶滅を導く宇宙システムの変動

原生代後期の7-8億年前の全球凍結が起きた時期に，我々の銀河系では，多数の恒星が誕生したことが知られています。そして，PT境界時にも通常の2倍の恒星の誕生が起きたことが示されています。スターバーストが起こると，大量の宇宙線照射が起き，超新星爆発の頻度が高くなったり，さらに暗黒星雲の数が急増することが知られています(Kataoka et al, 2014)。

新たに提案されつつある大量絶滅の原因を説明する仮説は，暗黒星雲と太陽系の衝突です。スターバーストの時代には暗黒星雲が増えるので，太陽系が暗黒星雲の中に突入することが考えられます。暗黒星雲は宇宙の中で相対的に物質が濃集している部分で，このような暗黒星雲の中では次々と新しい星が生まれることが予想されますが，そうして誕生した巨大な質量を持つ星は誕生後1000万年以内に超新星爆発を起こすことになります。従って近傍超新星爆発などの様々な宇宙変動が地球表層環境を大きく変える引き金になるということが予想されています。この新しいシナリオは恐竜絶滅事変を説明する原因としてすでに提唱されつつあります（Nimura et al, 2015）。

引用文献

Falkowski, P.G., Katz, M.E., Knoll, A.H., Quigg, A., Raven, J.A., Schofield, O., Taylor, F.J.R., 2004. The Evolution of Modern Eukaryotic Phytoplankton. Science 305, 354-360.

Isozaki, Y., Shimizu, N., Yao, J.X., Jib, Z.S., Matsuda, T., 2007. End-Permian extinction and volcanism-induced environmental stress：The Permian-Triassic boundary interval of lower-slope facies at Chaotian, South China. Palaeogeography Palaeoclimatology Palaeoecology 252, 218-238.

Kataoka, R., Ebisuzaki, T., Miyahara, H., Nimura, T., Tomida, T., Sato, T., Maruyama, S., 2014. The Nebula Winter：The united view of the snowball Earth, mass extinctions, and explosive evolution in the late Neoproterozoic and Cambrian periods. Gondwana Res. 25, 1153-1163.

Nimura, T., Ebisuzaki, T., Maruyama, S., 2015. End-Cretaceous cooling and mass extinction driven by a dark cloud encounter. Gondwana Res. In press.

Raup, D.M., Sepkoski, J.J., 1984. Periodicity of extinctions in the geologic past. Proceedings of the National Academy of Sciences of the United States of America 81, 801-805.

Saito, T., 2015. Estimate of secular change in seawater salinity through Earth history. Ph. D. Thesis. Tokyo Institute of Technology.

Scheckler, S. E., 2001. Afforestation--the First forest, In：Briggs, D. E. G., Crowther, P.R.（Eds.）, Paleobiology II. Wiley-Blackwell, pp. 67-71.

Scotese CR, 2006. Plate tectonic maps and continental drift animations, PALEOMAP Project, Arlington TEX USA.

新版地学辞典，2005，平凡社，付図付表・索引　p10

研究課題

1．古生代初期以降における大陸の離合集散のようすについて理解しましょう。
2．動物の進化の過程についてまとめてみましょう。
3．大量絶滅を示す証拠についてまとめてみましょう。
4．大量絶滅の原因を説明する諸説について理解しましょう。

12 中・新生代：生物進化と絶滅

丸山茂徳・大森聡一

はじめに

2.5億年前に，過去5億年間で最大規模の動植物の大絶滅が起き，古生代型生物が激減したあと，新たな生態系が生まれます。中生代には，恐竜が大繁栄しますが6500万年前に絶滅し，代わって，哺乳類が大進化していきます。白亜紀に，哺乳類の中から霊長類が生まれ，棲息領域を拡大します。中・新生代は，人類が出現する前夜の時代と言えます。

従来の地質時代区分では，中生代と新生代は，それぞれ別の時代区分として分けられていますが，ここでは中・新生代という一つの時代として取り扱います。その理由は，中生代・新生代を通して，生物の体制や機能に大きな変化がみられないことと，恐竜の絶滅はあるものの，その結果，哺乳類大進化の一連の時代として位置づけているからです。

《キーワード》 大陸古地理図，大陸リフト，茎進化，冠進化，大量絶滅

1. 中・新生代概観

それでは，まず始めに，中・新生代の概要を見ていきましょう（**11章 図11-1**参照）。中・新生代は，2億5千万年前から約700万年前の人類誕生の時期までを指します。

まず，植物進化ですが，中・新生代の特徴は，被子植物の誕生と大繁栄にあります。古生代に繁栄していたシダ植物や裸子植物は，中・新生代に，被子植物によってその棲息領域を奪われ，大きく縮退しました。現代では，植物の90％が被子植物で占められていますが，中生代における植物界の王様だった裸子植物は現在では植物全体の0.3％にすぎません。地衣類，シダ植物，裸子植物をすべて足しても，全体の10％程度に縮退しています。

次に動物進化ですが，古生代末から中生代の始まり頃に誕生したネズミサイズの哺乳類が大進化し，多様な種類へ分化しました。1億年から8000万年前頃に，最初の霊長類が誕生します。恐竜は，中生代に最も繁栄した動物で，実に多様に進化して，全世界へ拡散しましたが，6500万年前にほぼ絶滅し，その子孫として唯一，鳥類だけが残りました。恐竜の絶滅後には，哺乳類が棲息領域を著しく拡大しました。

動物の科の総数の変化を見ると，中・新生代以降は現代型生物がほとんどの割合を占めるようになります。

次に固体地球ですが，図中に書いてある数字は大陸の数を示しています。大陸が分裂と融合を繰り返していることがわかります。大陸の離合集散は，生命進化と多様化に多大な影響を与えますが，それについてはあとで詳しく解説します。

その下の欄には，酸素濃度と気温変化を示してあります。酸素濃度は，古生代末から中・新生代前半で減少傾向が続いていましたが，徐々に回復し，1億年前頃には現在のレベルに到達します。気温は，2.6億年前に最低になったあと，2.5億年前頃から回復し，白亜紀まで温暖期が続きました。その後，約3400万年前から寒冷化が進行し，氷河期に入りました。そして，約1万年前に間氷期となり，現在に至ります。

海水準は，太平洋スーパープルームの活動に対応して，約9000万年前に最大になります。そして，栄養塩供給量の指標であるSr同位体比は，2000万年前くらいから，再び急激な上昇を示しています。

中・新生代の生物進化は，現在の生物に直接つながる証拠となります。生きている生物の遺伝子の研究と化石記録を組み合わせることによって進化の過程を推定することが可能です。そして，それらの推定結果と，比較的精度良く得られている過去2.5億年間の大陸古地理の情報を総合することで，生命進化の実体を解明できるのです。

2. 中・新生代の大陸古地理図

約2億5千万年前に始まった中・新生代の生命進化は，先カンブリア時代や古生代に比べると新しく，かつ海洋底の情報もまだ地球上に残されていることから，詳細な研究が進んでいます。古生代と同様に，**図12-1**の大陸古地理図を使って，生命の進化がどう進んだのかということを総合的に見ていくことにしましょう。

2億6000万年前の時代（ペルム紀後期）には現在の哺乳類につながる，哺乳類型爬虫類が，北半球に生息していました。現代のオーストラリアから南極にあたる地域にかけては大氷床が広がっていました。それまでの寒冷な気候はこの時代から急速に温暖化していきます。そして，2億5000万年前から温暖な中・新生代が始まります。

2億4000万年前（三畳紀中期）になると，地球上にはパンゲアと呼ばれる超大陸が，南極から北半球の極域まで広がっていました。リフトの形成に伴い中部大西洋が形成され始めます。緑色の藻類が，古生代に引き続いて陸上に進出し，植物となり，海洋では紅色藻類が卓越し浅海の色が変化します。

2億2000万年前（三畳紀後期）になると，パンゲアは，赤道付近から分裂を始めます。このころの時代の地層から，最古の哺乳類化石や恐竜化石が報告されています。古生代の末期までにゴンドワナ大陸は7個以上に分裂し，恐竜を乗せた7つの大陸が2億2千万年前までに次々と衝突・融合して，古アジア大陸が誕生しました。大陸の衝突と融合によって，衝突後の約2000万年の間に恐竜は北半球全域にさらに拡散し，約2億年前頃までに，恐竜の生息域は地球全体に広がりました。

1億7000万年前（ジュラ紀中期）になると，北半球では，一部の地域を除いて北米大陸が，南米大陸とアフリカ大陸から分裂します。そして，南半球では南米大陸，アフリカ大陸，南極大陸の間にリフトが形成され始め，大陸の分裂が進みます。アジアでは恐竜が多様化し，現在の中国にあたる地域で赤いシルエットで示した角竜（つのりゅう）と呼ばれる種類の恐竜が，新たに誕生しました。

1億5000万年前（ジュラ紀後期）には，南極，アフリカ，南米の間のリフト帯がついに割れその中に新しい海が誕生します。

その後，大陸の分裂はさらに進み，1億2000万年前（白亜紀前期）には，アフリカ大陸と南米大陸が北米大陸と古アジア大陸から分離します。南半球では，インド，オーストラリア，南極大陸もしだいに分裂していきます。しかし，南極と南米大陸は3500万年前までは南米大陸南端部のマゼラン海峡付近の狭い陸橋でつながっていました。

1億500万年前（白亜紀前期）頃には，海水準が上昇し始め，すべての大陸の低地が浅海となって，大陸面積が減少していきました。

9000万年前（白亜紀後期）には，アフリカ，北米，南米の多くは海面下に沈み，浅海となります（**図12-3**）。またこの時期に，インドやその他の小大陸がゴンドワナ大陸から分裂して北上を始めます。一方，マダガスカル島は，諸説ありますが，トランスフォーム断層を境界にしてアフリカのソマリア付近から南下したと考えられています。北米では恐竜の多様性がさらに増し，黄金時代を迎えます。

一方，この頃までに，大陸分裂による隔離によって哺乳類は大陸固有のグループに進化していきました（Nishihara et al, 2009）。ローラシア獣類，アフリカ獣類，南米獣類，オーストラリアの有袋類，そして，マダガスカルのみで見られるアイアイなど特徴的な固有種が誕生しました。

6千500万年前（白亜紀末）には，アジア大陸と衝突する前のインド亜大陸が，インド洋中央部付近のレユニオンホットスポット上を通過したために，洪水玄武岩の大規模な噴出がインド大陸北西縁で起きました。これがデカン高原をつくったと考えられています。この時期に，インド大陸がマダガスカル島と一時的につながり，キツネザルなどの祖先の霊長類がマダガスカルに移動したと考えられます。そしてこの時期に，ついに恐竜が絶滅します。恐竜の絶滅との関係が示唆されている隕石が落下した地点がメキシコ，ユカタン半島にあり，直径150 kmのクレーターとして残されています。

5000万年前には，インド亜大陸がアジア大陸に衝突します。インド亜大陸で進化したゴンドワナ起源の固有種がアジア大陸の動植物と交雑することによってクラウンエボリューション（冠進化：→p. 201）が起こり，アジア大陸中南部は世界で最も多様な動植物の分布域へと発展してゆきます。

3500万年前頃に，南米と南極大陸が完全に切り離され，南極大陸を周回する冷たい南極環流が誕生します。これにより，南極地方が特に寒冷化し，南極氷床が形成され始めます。この後，地球は氷河期に向かうことになります。ヨーロッパは南のアフリカ大陸の下に沈み込み始めます。一方，地中海東部では逆に地中海地域のプレートが北側に沈み込みます。

2000万年前になるとアフリカがヨーロッパと再び結合し，アルプス山脈が形成され，イベリア半島から陸づたいに動物が移動できるようになりました。一方で，すでに分裂していた個々の大陸では様々な種が進化し，サルの種類も大陸ごとに多様化しました。アフリカ東部では，リフトが活動を始め，人類誕生の場が姿を現します。また，インドの衝突によりチベット高原が上昇し始め，世界の他の主要な大陸にも高地が形成されました。そのために大量の栄養塩が海洋に供給されるようになり(Santosh et al, 2014)，地球規模で栄養塩循環が活発化します。また，北極周辺には氷床が発達し始めます。

100万年前には，再び寒冷化のピークを迎え，氷床が北米の北半分やユーラシア大陸北部に広く拡大していたと考えられています。

約1万年前から間氷期に入り，氷床が縮退して，温暖な気候が始まりました。これが現在の地球の表層環境です。

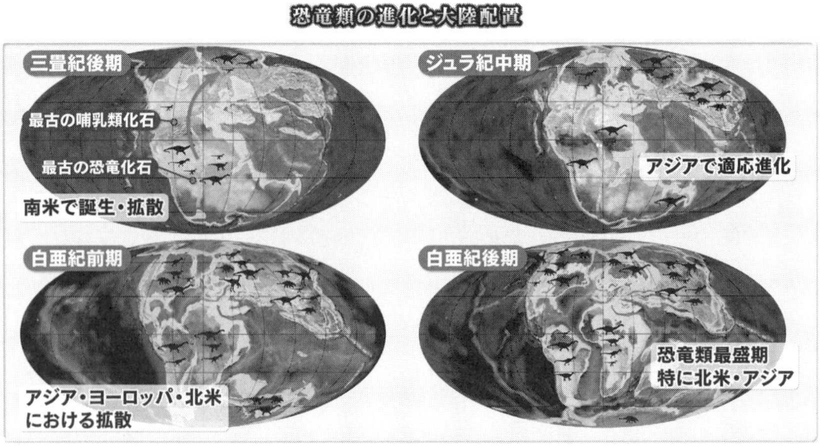

図12-1　中生代の大陸古地理図（→口絵 p.7）

3. 生物の進化：後生動物の誕生からヒトまで

ここまで，中・新生代の大陸古地理と生命進化の概要を説明しました。次に，生命進化と大陸古地理環境変動の関係を，①哺乳類，②爬虫類，③霊長類，④植物の順に要約しましょう。

図12-2は，遺伝子解析によってつくられた哺乳類の進化系統樹です。1億2000万年前以前に，現在はオーストラリア地域にのみ生息する有袋類の祖先が真獣類から分岐します。その後9000万年前までに，真獣類は三つの系統に分岐したことが示されています。それが，(1) 北米・ヨーロッパ・アジア，(2) 南米，(3) アフリカ，の三系統です。これら三つの遺伝子的な系統は，実際には，それぞれが大陸固有の動物と対応します。北米・ヨーロッパ・アジアは9000万年前頃に2系統に分かれ，それぞれが6500万年前頃までに分化します。

遺伝子の進化とその分布地域が関連するのはなぜでしょうか。これについて，遺伝子の分岐年代と大陸古地理を組み合わせて考えると非常にうまく説明することができます。例えば，1億7千万年前の時代は，パンゲアの南半分を構成していたゴンドワナ大陸が分裂し始めた時期にあたります。パンゲアが北側のローラシアと南側のゴンドワナに分裂すると，南側のゴンドワナ大陸に生息していた陸上動物は北側のローラシア，つまり，古アジア大陸に渡ることができませんでした。これが，遺伝子進化とその分布域が関連することを説明する，基本的な考え方です。

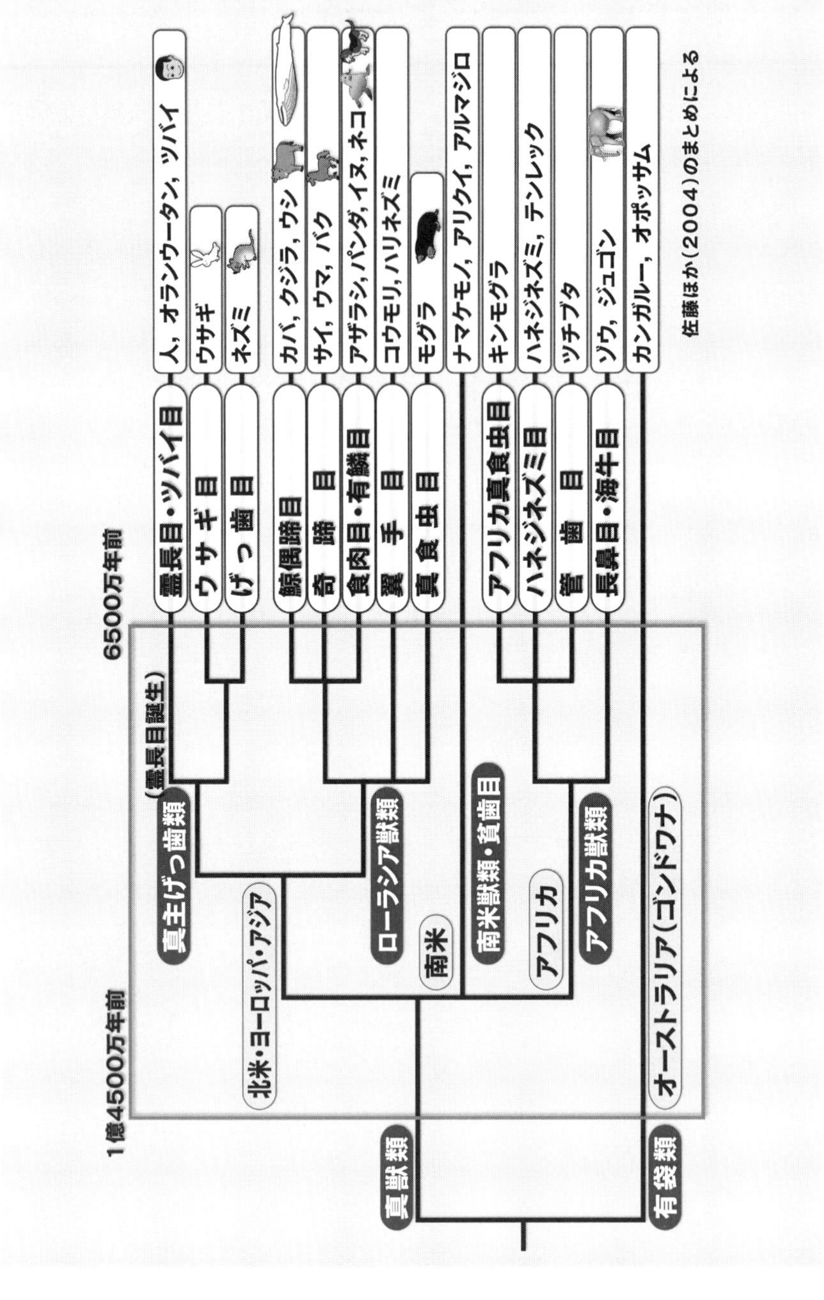

図12-2　白亜紀の哺乳類の進化と新生代の放散

4．哺乳類の進化がなぜ起きたのか

具体的に，哺乳類の進化の例を大陸古地理図と組み合わせて考えてみましょう。

地球表層の大陸は離合集散を繰り返しながら移動し続けますが，中・新生代の始め頃には，パンゲアと呼ばれる見掛け上の超大陸が南極から北極まで南北に広がっていました。パンゲアは徐々に分裂をはじめ，1億2000万年前頃までには五つの大陸に分裂しました。それらの大陸が，南極大陸，アフリカ大陸，南米大陸，北米大陸，古アジア大陸です。大陸が分離することによって，これらの大陸間で動物が往来することは物理的に不可能になりました。そのことによって，それぞれの大陸上で哺乳類の個別の進化が進みました。その結果，現れたのが有袋類（南極大陸），アフリカ獣類（アフリカ大陸），南米獣類（南米大陸），ローラシア獣類（北米大陸＋ヨーロッパ大陸＋アジア大陸）です。

図12−3は，9000万年前頃の大陸古地理図です。パンゲアがすでに分離したあとの状態を示しています。この頃には海水面が高かったため，アフリカ，北米，南米の多くは水没して浅海域となっています。図中の薄い灰色の部分がそのような地域を示しています。このようにそれぞれ

図12−3　哺乳類の進化がなぜ起きたのか－哺乳類の大分類の起源

の大陸内部に動物が隔離されることによって，孤立した大陸上では，さきほどあげたような固有の哺乳類が進化しました。進化の過程では，全地球的規模の気候変動による影響も受けるでしょう。しかし一方で，大陸移動に伴う大陸内部の気候変動は，各大陸ごとに隔離された動物の個別の進化を促進する要因となったはずです。このような大陸内部で起こる適応進化が大陸固有種が進化していく原理です。

大陸古地理図の解読から導かれる生命進化の分岐年代と，ゲノム解析から得られる分岐年代，さらに化石の証拠を組み合わせることによって，動物の進化系統樹の精度を今後さらに高めていくことになるでしょう。

5. 霊長類の分岐（DNAから推定）

次に，私たち人類に通じる霊長類の進化に注目します。**図12-4**は霊長類の系統樹です。霊長類は，8000万年前から1億年前の頃に，ネズミやウサギにつながる齧歯(げっし)類と別れ，誕生します。哺乳類の大ざっぱな系統樹によると，ローラシア大陸で進化した哺乳類の一系統が霊長類の起源となります。

霊長類のうち，直鼻猿類は，ヒトへつながる系統です。アフリカ，東南アジア，南米にまでその子孫が拡散しています。類人猿であるホミノイドと呼ばれるグループはアジアからアフリカにかけて分布しますが，4000-2000万年前ごろに南米の新世界ザル，アジア・アフリカの旧世界ザルと分岐しました。一方，曲鼻猿類は，アフリカを起源とし，マダガスカル島にも生息しています。ロリス類は，インド大陸の移動によって南半球からアジアに到達したと考えられています。

ここで，大陸古地理を考えてみましょう。ホミノイドは，アジアからアフリカの広範囲に分布しています。ホミノイドが誕生した頃は，アフリカ大陸が再びヨーロッパ大陸に衝突して，アジア-ヨーロッパ間の動物の移動が可能でした。このような古地理の状況は，ホミノイドがアジア，アフリカ地域に分布することと調和的です。しかし，南米の新世界ザルの例を考えて見ると，そう簡単ではありません。なぜなら，霊長類がローラシアで誕生したとすると，新世界ザルの祖先である真猿類が南

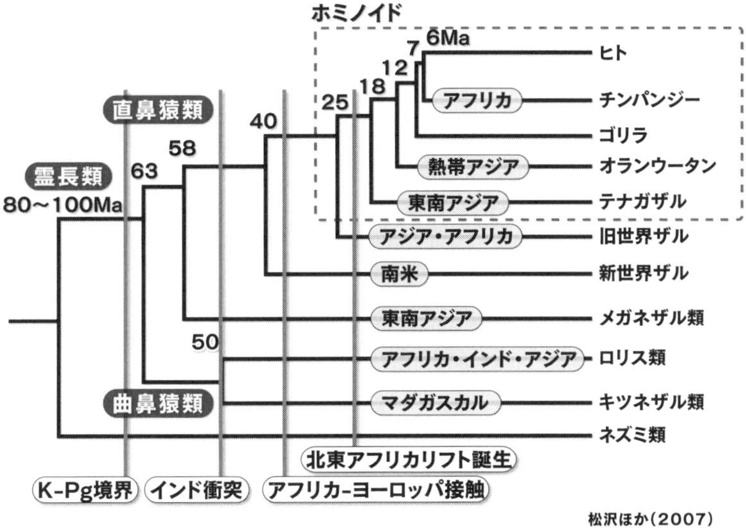

図12-4　霊長類の分岐（DNAから推定）

米に分布するためには，9000万年前頃には，南米とローラシアが接点を持つ必要があるからです。しかし，古地理図の復元からは，そのような大陸配置にはなっていないことがわかります。

新世界ザルが南米で進化したことを説明するために，新世界ザルの祖先が丸太などにしがみついて海を渡ったのだろう，という解釈がされることもあります。しかし，ここでは，遺伝子系統樹にも誤差があることを考慮して，古地理と遺伝子系統樹の両方をできるだけ調和的に説明できるモデルを提案しましょう。そのモデルは次のようなものです。

霊長類の誕生は，ローラシア大陸ではなく，南半球のゴンドワナ大陸が分裂するリフト帯付近で起きたと考えることです。このモデルによる霊長類の進化と放散を古地理図上で見てみましょう。

6. 100Ma頃の古地理

図12-5は，約1億年前（100Ma）の古地理図です。大陸が分裂しつつある状態を示しています。白丸で囲んだ範囲が，大陸古地理から予言

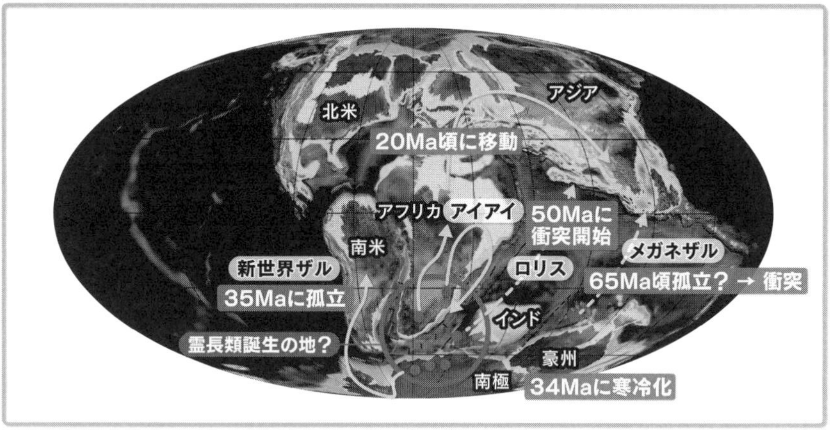

図12−5　1億年前頃の大陸古地理図と霊長類の起源（→口絵p.8）

できる霊長類の誕生場所です。新世界ザルは，3500万年前頃までに，南極大陸と南米大陸間をつないでいた陸橋をつたって，南極大陸から南米へ移動したと考えると，すべてを非常に調和的に説明できます。南極大陸は，その後，寒冷化したために，この地域では新世界ザルは絶滅したと考えられます。このように考えていくと，メガネザルやロリス類は，インド大陸やその他の小大陸にのって，大陸とともに移動し固有の進化を遂げたのち，アジア大陸との衝突によってアジア地域へ拡散しました。

一方，アフリカ側にいた霊長類は，アフリカ大陸の北上に伴って適応進化し，2000万年前にアフリカ大陸が中東に衝突したのちに，アジアに生息域を拡散させました。マダガスカル島に生息するサルの祖先は，アフリカ大陸内で適応進化した種が，6500万年前頃にマダガスカル島がアフリカ大陸から分裂，南下することによって，マダガスカル島に隔離され，固有種として進化したと考えることができます。さらに，インド大陸の北上途中にマントルプルームの上昇によって生まれた陸橋をつたって，インド大陸上に生息していた固有種がマダガスカル島に移動し交雑が進むことによって，キツネザルなどのマダガスカル固有種の進化が進んだと思われます。

まだ誤差がかなりありますが，遺伝子の解析による系統樹に，分子時計による時間軸を組み合わせると，哺乳類や霊長類の進化の過程を大陸古地理と調和的に説明できることを示しました。またこのモデルは，化石の発掘によって検証可能なモデルであることを強調しておきます。

7. 哺乳類と爬虫類の分化

哺乳類と爬虫類は，古生代後期に同じ祖先から分岐し，古生代末の大量絶滅を生き延びました。2億5000万年前以前までに，恐竜類は（1）トカゲ，ヘビ類と分岐し，さらに（2）カメ類，そして，（3）ワニ類と別れ，最初の恐竜が2億5000万年前頃までに誕生しました。恐竜の最初の化石記録として，2億2500万年前頃の地層から，小型肉食恐竜のエオラプターが発見されています。

では次に，恐竜類のより詳細な進化を解説します。恐竜類は，鳥類以外は絶滅してしまった種なので，遺伝子による系統はわかりません。しかし，化石に基づく形態による分類によって，剣竜，鎧竜，草食竜，角竜，巨大竜，肉食恐竜など多種多様に分化したことがわかっています。特にジュラ紀において多様性が著しく増加しました。

現在見つかっている最古の恐竜化石は三畳紀後期のもので，現在のアルゼンチンで発見されました。三畳紀後期の恐竜化石は，南半球から北半球におよび，大型の草食竜，鳥竜，そして大小様々な肉食竜などがおり，既に多種多様に進化していたことがわかっています。

ジュラ紀中期になると，特にアジアで恐竜の多様性が増します。角竜などが新たに誕生したことが，化石の産出からわかっています。

白亜紀前期には，ローラシア大陸，南米大陸，アフリカ大陸が完全に分断され，恐竜の多様化と放散が主にローラシア大陸で進みました。そして，絶滅の直前の白亜紀末期になると，ローラシア大陸全域に多種多様な種類が分布するようになります。

恐竜の多様化はローラシア大陸で特に顕著に起きたと言えます。それは，ローラシア大陸，すなわち古アジア大陸が，三畳紀に7−8個の大陸が衝突・融合して成立したことと関係していると言えるでしょう。つまり，恐竜の大進化は7−8個の大陸で個別進化してきた恐竜類が，大陸の衝突によって形成されたローラシア大陸上で交雑し，史上最大の冠進化を起こした結果とみなせるのです。

8. 植物進化（維管束植物）

古生代に陸上に進出して大繁栄した植物は，古生代末の大量絶滅で大打撃を被ったものの，生き抜いて復活し，中・新生代に再び繁栄しました。被子植物の起源はまだ明らかになっていませんが，花粉の化石から，古生代末には既に存在していた可能性が示唆されています。白亜紀に入ると，被子植物は地球全域に拡がり，裸子植物を圧倒していきます。その勢いは，白亜紀末の生物の大量絶滅後にさらに激しさを増しました（加藤，2000）。

1億3000万年前頃に赤道付近に出現した単長口型という形態の特徴を持つ花粉の拡散速度が研究されています。この花粉をもつ植物は，赤道直下付近で誕生したあと，約3000万年の間に，大陸分裂とは無関係に，ほぼ全地球に拡がったことがわかっています（Hickey and Doyle, 1977）。まだ鳥が存在していない時代に，このように急速に拡散が進んだことは，単長口型の被子植物の種子が，河川や海流による運搬に十分に耐え得るものであったことを示唆しています。つまり，被子植物の種子の強さを反映していると考えることができるでしょう。被子植物はこのようにして，地上の主要植物となり大繁栄しました。

9. 固体地球システム変動と生命進化

プレートテクトニクスが機能する地球では，大陸の離合集散が普通に起こります。これは，各々の大陸の上で起こる生物の茎進化や，冠進化の原因となります。更に，マントル対流が活発化すると，表層環境変動が起こり，生命が応答します。白亜紀に見られるような太平洋スーパープルームの活発な活動が起きると，海洋地域の固体地球が膨張し（Tsuchiya et al, 2013），海水準が上昇します。その結果，陸の低地が水没し，大陸内の表層環境を激変させるので，そこで棲息している生物の新たな適応進化を促進します。このような海水準の変化は，理論計算と観測によって支持されています。

適応進化を促進させるもう一つの要因は，大陸移動による環境の変化です。例えば，インド大陸が南半球の高緯度から赤道を経由して北半球の中緯度に移動すると，通過する気候区は，寒冷森林地帯，中緯度の砂漠地帯，熱帯雨林の赤道熱帯，中緯度の砂漠から再び寒冷な森林地帯へと変化し，生物は環境変動による大きなストレスを受けます。そのような環境の大きな変化が適応進化を促進させるのです。

10. 進化の3パターン

生物の進化には三つのパターンがあります。1）茎進化（ステムエボリューション）は，リフトなどのHiRマグマが活動する地域において遺伝子変異が加速されて起きます。現在では，東アフリカ大地溝帯，アメリカ西部のデスバレー，強アルカリ岩火山活動が起きているガラパゴス諸島の3か所で進行しています。2）冠進化（クラウンエボリューション）は，大陸衝突により種の交雑が起きることによって，新種が一気に誕生するものです。インド大陸がアジア大陸に衝突したことによって，それぞれの大陸で固有に進化した生物の間で交雑が起こり，その結果，地球上で最も多種多様な生物の楽園が生まれました。アジア南部からインドネシアに至る広大な地域と，北米と南米をつなぐ陸橋部分の2か所は冠進化が現在進行している場所です。オセアニアと東南アジアの間には，生物区の境であるウォーレス線がありますが，将来，大陸が衝突することによって冠進化が進行すると予測されることから，冠進化の前線と言えるでしょう。

そして最後に，3）宇宙起源の環境変動による種の分化があります。太陽活動の周期的変動などの影響で，3500万年前以降の地球では，氷期と間氷期が繰り返し訪れたことが知られています。このような変動に伴って，海水準とともに，気温や湿度が変化します。これは，地球の外力の変化に表層環境システムが応答していると考えることができます。では，宇宙起源の周期的な気候変動が，適応進化，いわゆるダーウィン進化を起こす過程を説明します。

気候変動によって，気温が変化すると，寒暖の変化に適応できない生物は絶滅することになります。このとき，高山が存在すると，気温の変化にうまく対応することが可能です。なぜなら高低差によって気温の調整が可能だからです。高地の低温地域で暮らしていた動植物は，寒冷な時代には棲息地域を低地にシフトすることによって，寒冷化の影響から逃れることができます。しかし，1000 m を超える山岳地帯がないイギリスのグレートブリテン島のように，十分な高低差がない環境では，寒冷化を克服できず，絶滅する種が増加するということになります。日本列島のような 3000 m 級の山岳地帯と，グレートブリテン島は類似の環境に見えますが，生態系に大きな違いが生まれたのは，このような高低差の有無が原因です。

11．宇宙の変動

最後に，宇宙起源の地球環境変動と 6500 万年前の生物大絶滅を取りあげましょう。

恐竜の絶滅で有名な 6500 万年前の大絶滅は，イリジウムに富む地層の汎世界的な分布と，チュクシュルブクレータの発見から，隕石衝突により引き起こされたと考えられています。しかし，恐竜の絶滅は，6500 万年前以前から既に進行していて，1 個の隕石の衝突による瞬時の絶滅現象でないことは，古生物学者たちによって以前から指摘されてきました。

この問題を含めて，この時代の大量絶滅を包括的に説明できる可能性を持つのが，暗黒星雲との遭遇モデルです。

白亜紀末の暗黒星雲衝突モデルの根拠は，深海堆積物中に残されたイリジウム濃度が，隕石衝突時だけでなく，それに 800 万年先行して優位に高い値を示しているという観察事実に基づいています。恐竜類の種の数は，実は，隕石衝突の前から減少し始めていましたが，最後の隕石衝突がとどめをさしたことを示しています。暗黒星雲との衝突によって，太陽系のヘリオスフェアは縮退します。その結果，地球ではオゾン層の崩壊が起き，ダスト粒子や雲形成により日射量は減少し，寒冷化と光合成植物の活動低下が起きたでしょう。また，太陽系の小惑星帯の軌道が乱され，巨大隕石が地球に落下したと考えられます。つまり6500万年前の恐竜の絶滅事変は，暗黒星雲と太陽系の衝突が原因らしいと考えられます（Nimura et al, 2015)。

引用文献

Hickey, L.J. and Doyle, A. (1977), Early Cretaceous fossil evidence for angiosperm evolution, The Botanical Review, 43, 3-104.

Natural History Museum, UK., Dino Directory, http：//www.nhm.ac.uk/nature-online/life/dinosaurs-other-extinct-creatures/

Nimura, T., Ebisuzaki, T., Maruyama, S., 2015. End-Cretaceous cooling and mass extinction driven by a dark cloud encounter. Gondwana Res. In press.

Nishihara, H., Okada, N., Hasegawa, M., 2007. Rooting the eutherian tree：the power and pitfalls of phylogenomics. Genome Biology 8.

Santosh, M., Maruyama, S., Sawaki, Y., Meert, J.G., 2014. The Cambrian Explosion：Plume-driven birth of the second ecosystem on Earth. Gondwana Res. 25, 945-965.

Tsuchiya, T., Kawai, K., Maruyama, S., 2013. Expanding-contracting Earth. Geoscience Frontiers 4, 341-347.

加藤雅啓（2000），陸上植物の起源と系統，多様性の植物学2，植物の系統，東大出版会

松沢ほか（2007）霊長類学への招待，霊長類進化の科学，京都大学霊長類研究所編，京都大学学術出版会

佐藤ほか（2004）マクロ進化と全生物の系統分類，シリーズ進化学1，岩波書店

研究課題

1．中・新生代における大陸の離合集散の歴史を理解しましょう。
2．大陸古地理図と哺乳類あるいは霊長類進化の関係性について考えてみましょう。
3．進化の3パターンについて理解しましょう。
4．恐竜を大量絶滅させた原因についてまとめてみましょう。

13 人類代：文明の構築と未来

丸山茂徳

はじめに

地球が誕生したあと，生命が誕生し，長い時間をかけて生物は進化してきました。古生代末期に初めて哺乳類が誕生したあと，約1億年前頃に霊長類が誕生しました。そして，700万年前に現世の人類の祖先が誕生したと言われています。本章では，「第四の生物」と呼ばれる，非常に特殊な進化をとげた人類の歴史を解説します。そして，生物学的側面から見た人類の誕生と進化，人間の精神がつくり上げた構築物の歴史，そして，自然変動と人間がつくり出した国際社会の歴史を視野に入れて21世紀を論じます。

《キーワード》 第4の生物，局所絶滅，HiRマグマ，人工生態系，連合国家

1. 過去1000万年の変動

人類の祖先が誕生したのが700万年前ごろと言われていますが，誕生から現在に至るまで地球はどのような状態にあったのでしょうか。その概要を掴むために，過去1000万年の変動について次の図で解説します。

図13-1は，過去1000万年の間に地球表層で起きた環境変動や生物の進化，特に霊長類ヒト属の誕生までを示しています。1000万年前から現在までを横軸にとり，縦軸には，過去1000万年間のイベントの中でも極めて重要だと考えられる要素を7つ取り出してあります。

図の一番上は，氷期・間氷期の時期とサイクルを示しています。過去1000万年の中で，氷期・間氷期が周期的に変化しています。特に過去260万年においては，特筆すべき規則的な環境変動でした。

次に，炭素同位体比$\delta^{13}C$の値の振幅が示されています。260万年前以降に炭素同位体比値の振幅が小さくなっていますが，これは，生態系

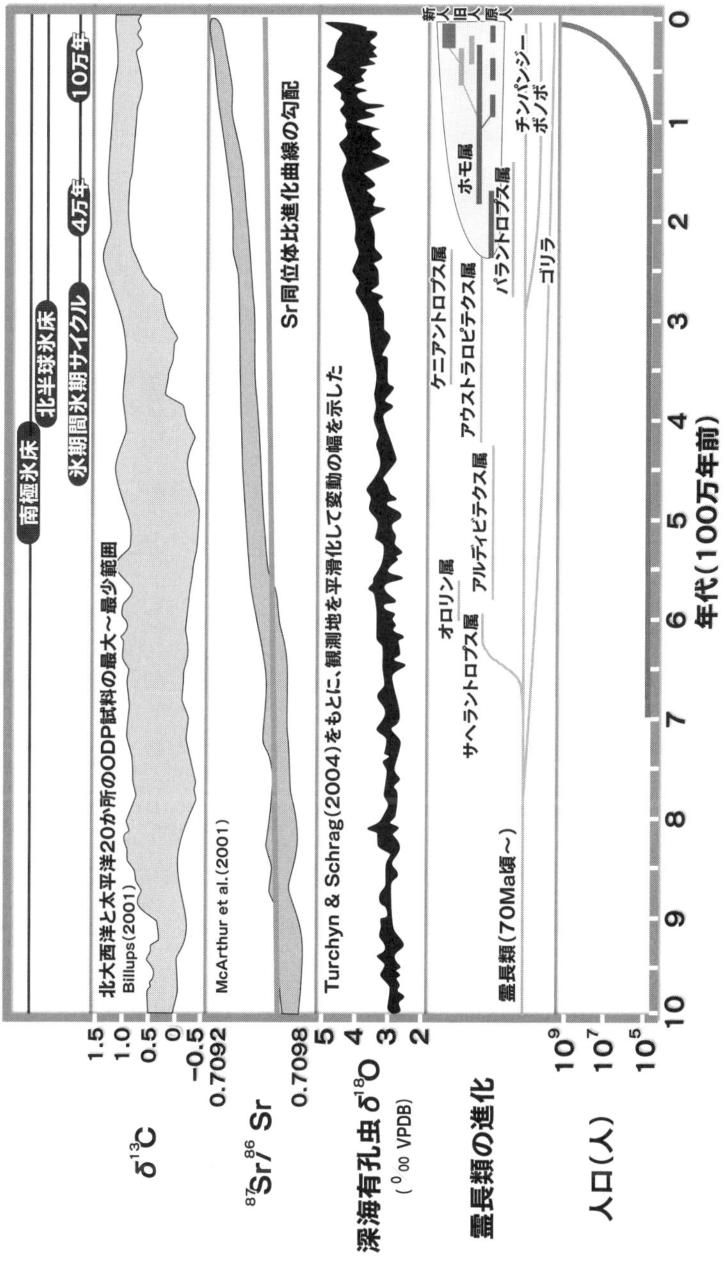

図13-1　過去1000万年の概要

が安定化したことを示します。また，Sr同位体比が6000万年前以降，現在までずっと増加していることから，大量の栄養塩が海洋に継続的にもたらされていることがわかります。酸素同位体比の大きな振幅は，150万年前以降，氷期・間氷期と関係して，寒暖の変化幅が大きくなったことを示しています。

生物の進化を見ると，8000万年前〜1億年前までに出現した霊長類から，700万年前にヒトが出現し，現在まで進化してきました。これが生命史上最も大事なイベントです。世界人口の変化を見ると，脱アフリカに成功した120万年前まで，人類の総数は100万人以下でしたが，世界に拡散すると，その数は急増し始め，現在では70億人にまで増加しました。

2. 第4の生物，人類の誕生

人類は，霊長類の一種であり，形態学的にはこれまでの動物の中の一種類にすぎません。しかし，後生動物や植物というこれまでの地球生物とは質的に異なる生物です。そのために，人類は「第4の生物」であると言われています。では，他の生物と何が違うのでしょうか。

人類は，最近の20万年という短期間に，赤道から極地方に至るまで，(1) 瞬く間に全地球規模に拡散しました。このような生物は大型多細胞生物では人類だけです。やがて，(2) 科学と技術を発明し，文明を構築しますが，その過程において，道具をつくり，その道具を組み合わせ，駆使することによってさらに高度な道具を生み出すという複雑なプロセスを可能にしました。これは，他の生物とは違って，(3) ヒトの脳が非常に複雑に，かつ，より高度に発達したことによって可能になったと言えます。そして，このような発展によって人類社会は指数関数的に発展をつづけ，それは現在も進行中であり，(4) すでに宇宙に拡散していく時代になりました。

これら四つを成し遂げた生物の出現はこれまでの地球史になかったことです。これが，人類を「第4の生物」として位置づける理由です。そして，人類が誕生し進化する時代を人類代として，冥王代，太古代，原生代，顕生代に匹敵する新たな年代区分として私たちが提唱する理由です。

3. 人類誕生の場

「第四の生物」と呼ばれる人類が，120万年前に初めて脱アフリカに成功し，以来，継続的に脱アフリカを進めました。約20万年前に，現代人の祖先のミトコンドリア・イブは世界に拡散していきました。アフリカのリフトバレーでは，2500万年前から現在にかけて，酸性の火山岩を中心とした爆発的な火山活動を起こしてきました。そこでは，しばしばHiRマグマが噴出し，生物は茎進化を起こしました。そのような進化のホットスポットで生まれた人類誕生場の歴史を生物学的側面から解説します。

図13-2は，人類誕生場であるアフリカのリフトバレーの地質図です。中央部に南北に約50 kmの幅で約1 kmの地形的なへこみがあり，その両側で基盤の地質が正断層によって階段状にずり落ちています。中央部にいくつか描かれているのが，リフトバレーの特異な火山の火口です。最大の火口がンゴロンゴロクレータで直径が約20 kmあります。そこ

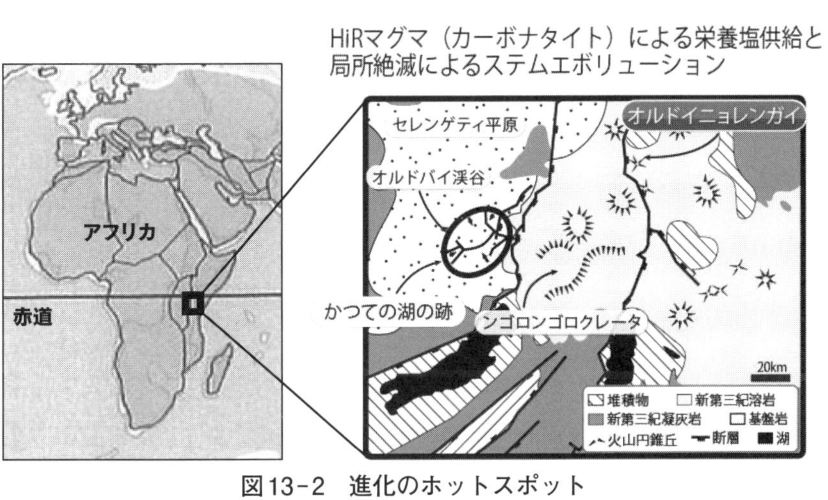

図13-2　進化のホットスポット

から北東部に約50 km離れた場所にオルドイニョレンガイという活火山があり，ここでHiRマグマが時々噴出したことがわかっています。このリフトの西側は地形的にやや高いセレンゲティ平原と呼ばれる地域で，そこからリフトバレーに向けていくつかの河川が流れ込んでいます。局所絶滅によって，人骨が大量に折り重なるように発見された有名なオルドバイ渓谷はこの地域の中央部，二つの川の合流点に位置します。オルドバイ渓谷で発見された人骨は洞窟の中に残されていましたが，ある時代の人骨が集中して大量に発掘されるということは，オルドイニョレンガイ火山などのHiRマグマの爆発的噴火に関係した事変であることを示唆しています。

オルドバイ渓谷は，現在は乾燥した土地ですが，このような乾燥化は約5000年前頃から本格的に進行したということがアフリカ大陸北部の地域に残された過去の堆積物中の花粉や大型動物化石の研究からわかっています。つまり，それ以前は熱帯雨林から亜熱帯地域の一部であり，赤道に起源をもつナイル川によって大量の栄養塩が下流の広大な地域に供給され，アフリカ北東部が世界で最も肥沃な動植物の繁栄地帯であったに違いありません。

アフリカ大陸は，2500万年前以降に大陸直下に上昇してきたマントルプルームによって直径1000 kmの範囲が2～3 km持ち上げられました。そして，その中心部が割れると逆に沈下し始め，地溝帯となり，そこで断続的な火山活動と半定常的につづく爆発的火山活動によって，局所絶滅が進行したことがわかりつつあります。そのようなHiRマグマの大規模な噴火は，およそ，700万年前，180万年前，60万年前，そして20万年前頃に集中的に起きたことがわかってきました（Banzi et al, 2000）。

4．人類の脳の不連続的な進化

アウストラロピテクス属の人骨はアフリカリフトバレーとその近隣でこれまでに多数発見されてきました。保存のよい頭蓋骨が残されている場合，その脳容積を測定すると，脳容量の時間変化の様子を捉えること

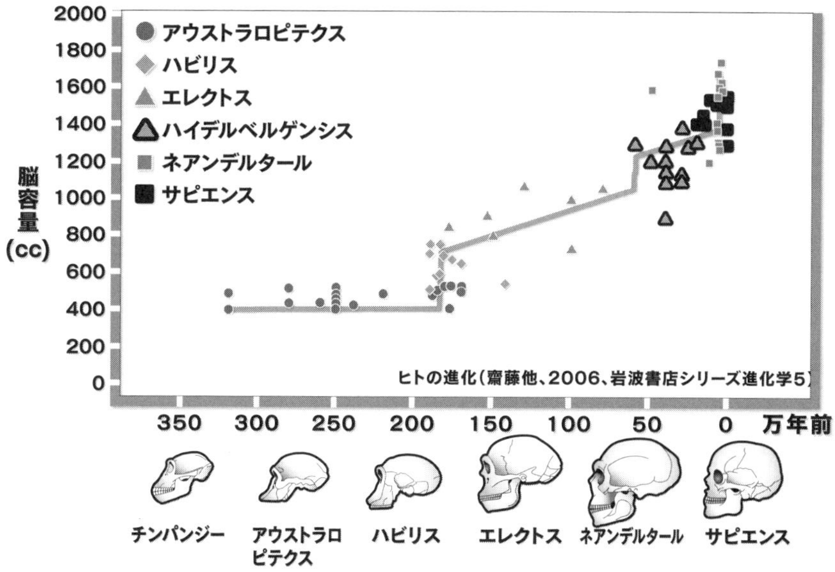

図13-3　人類の脳の不連続的な巨大化

ができます（**図13-3**）。

形態学的特徴に基づいて，化石人骨は20種類以上の種に分類されていますが，それらの脳容積を測定してプロットすると今から約180万年前と，70-80万年前，そして，20万年前の3回にわたって脳容積が不連続的に巨大化し，アウストラロピテクスの脳容積が500ccだったのが1600ccにまで増加したことがわかります。極めて短期間の不連続的変化なのでゆっくりとした環境変化に伴うのではなく，進化の加速で起きたことを示しています。従って，脳進化は茎進化であり，リフトで起きる特有の進化であることが示唆されます。

脳の進化については現在多くの研究が進んでいます。特に，脳の巨大化に関わるヒトの遺伝子は，他の霊長類にはない特異な遺伝子が関与していることがわかってきました。そのような脳の研究で注目されているのがHARです。HARというのはHuman Accelerated Regionの略称で，現在までに202の領域が報告されています。チンパンジーやゴリラとの差異が特に大きい遺伝子領域をHARと呼び，その中で1番目のものを

HAR1と呼んでいます。

ヒトと他の霊長類で差異が特に著しいゲノム領域が認められるので，分子進化の速度が極めて速くなり突然変異の集中が起きたことを暗示しています。人類特有の遺伝子としては，脳の巨大化に付随して喉や言語の発達と関連したとみなされるFOXP2，さらに，他の霊長類とは異なる手首と親指の構造，そして直立二足歩行に関係して起きた筋肉や組織の違いに関係した遺伝子が生まれたようです。さらに，ネアンデルタール人の人骨に残されたゲノムとの比較から，新人サピエンスの言語力，運動，感覚，視覚，聴覚，および人間らしさの源泉である思考，意識，記憶，想像性，などをつかさどる局部機能の発達が解明されようとしています。

5. 文明の歴史

人間は誕生したあと，ほとんどの時代をアフリカで過ごしましたが，約120万年前に初めて脱アフリカに成功します。以降，断続的に脱アフリカが進みました。特に，約20万年前に脱アフリカに成功した現在の人類の共通祖先を生物学者は「ミトコンドリア・イブ」と呼んでいます。アフリカを出た人類は，瞬く間に赤道地域から北極圏まで拡散していきました。このように拡散し始めた人類は，1万5千年前にはベーリング海峡を越えて北米，中米へ向かい，そして1万年前ごろまでには南米大陸の南端まで到達しました（印東，2012）。そして，人類文明の画期的な進歩がこの頃から始まります。そしてその変化は，過去1万年の中でも，特に最近の200年の間にさらに加速され，その変化は現代に至ってもさらに激しさを増しています。

文明の画期は，5回に分けて起きたことがわかっています。それらは，約1万年前に始まる農業牧畜革命，約5000年前頃の都市革命，約2800-2400年前の宗教・哲学革命，約400-300年前の産業革命，そして，20世紀の後半に始まる情報（コンピューター）革命，の五つです。そのような革命的な変化，とりわけ3番目の革命までは地球の気候変動と関係すると最近の研究者は考えています。気候変動とこのような革命的な社会の変化についての代表的な論客としてあげられるのは，日本では，伊藤俊太郎，小泉格，および安田喜憲の3人です。

6. 農業牧畜革命と都市革命

約1万年前頃，それまで狩猟生活をしていた人類は農業と牧畜を発明しました。栽培植物の定期的な収穫と保存，また，やぎ，羊，牛などの家畜を飼い，「米・麦・家畜という安定した食糧供給の中で暮らす」という発明は，飢餓からの脱却を意味します。しかし，結果として，人口の爆発的増加の直接的な引き金になりました。農業生産性があがると，様々な職業分化が起きます。生産物の持ち主が自然発生的に物々交換することを始め，これを効率よくするために都市が出現することになります。その結果，職業の分化が加速し，貨幣や経済が生まれ，交換のレートを決めるために文字や記録媒体が必要になりました。さらに，法律，裁判，警察など，国家としての原始的な組織が生まれることになり，小国家が初めて出現します。これが，都市革命です。地質，鉱床，気候などの条件にも左右されますが，農業生産性に最も恵まれた巨大河川の河口地域に四大文明が生まれました。その中で最も豊かだったのがエジプト文明で，その次がメソポタミア文明です。しかし，その二つの文明の間では激しい抗争が起きるようになります。このようにして共同体の間で生まれる抗争，つまり戦争が頻発し，それに疲れ果て，戦争を回避する方策を考える人たちが次に宗教革命を起こします。

7. 宗教・哲学革命

宗教国家が出現するまでは，世界には王政国家しかありませんでした。王様に対して国民は奴隷ですらから「不自由，不平等，人権抑圧」に苦しんでいました。しかし，約2800-2400年前頃に，宗教国家が生まれ，それまでの世襲制の王族に代わって宗教が人々を支配するようになります。ただし，政治と宗教が一致する不自然さから，国民にとって，王政国家よりマシではあっても「人権抑圧と不自由さ」が残りました。また一方で，宗教国家の一部では神への生贄としての若者の理不尽な殺戮などが行われました。

その後，世界は「力が正義である」と考える軍国覇権主義国家へと進み，他国を攻撃侵略して領土化し，その国民を奴隷化しました。やがて近代民主主義国家が生まれると，国民はリーダーを選挙で選ぶ今日のような「自由平等で基本的人権が保障された」社会形態が生まれることとなりました。それは，18世紀の後半に始まり1970年代に急激に世界に広がり，民主主義国家の数は，今日では世界約200か国の半分にまで増加しています。そのような最初の質的変化が宗教哲学革命であったと言えます。今日の，代表的宗教であるキリスト教やアジアの仏教哲学やインドの仏教，中国における様々な思想革命，儒教思想などが時間を前後してこの時代に生まれました。

8. 産業革命と情報革命

約300年前の，ニュートン（1642-1727）による古典力学の著書「プリンキピア（1687)」から英国を中心に産業革命が始まりました。科学に基づく理論体系が構築され，特に物理学において，実験と理論に基づいて構築・応用された技術が，人間社会に革命的な変化をもたらせました。具体的には，鉄道の発明と蒸気機関車による物資輸送，さらに，船，飛行機，やがて車の発明，高速道路，大砲や軍備施設の拡大が起きました。やがて芸術の各分野にも波及して人類社会は空前の豊かな時代に突入しました。金管楽器などの発明による音楽の充実は，その一例と言えます。

20世紀の後半になって，科学と技術の発展はさらに大きな節目を迎えることになります。それは，コンピューターの発明による情報革命です。これは，アポロ計画に象徴される人類の宇宙への進出を可能にし，もう一方ではインターネットを生み出し，世界が情報通信という意味で，一瞬につながる新時代を切り開きました。その結果，「世界統一国家」の誕生が具体性を帯びる時代となりました。「世界統一国家」については，昔から言われていますが日本人の提案者としては湯川秀樹さんが有名です。こうして，世界で最も高い頻度で戦争が繰り返し行われたヨーロッパで連合国家EUが1993年に誕生しました。この運動はアジアーオセアニア，北・中・南米，さらに，アフリカの各地域の各々で連合国家が生まれ，それらが緩く一つに連合した「世界統一国家」誕生へ向かうでしょう。

9. 人類の未来

我々の目前には様々な課題が横たわっています。それは，21世紀の喫緊の課題であって，人類社会全体の未来をゆだねるグローバルな課題です。そしてこれらは，人類史の過去になかった新しい問題です。

まず第一の課題は，地球生態系が既にほぼ完全な人工生態系と化していることです。1万年前の地球生態系における全生物の体重の中で，人類が占める割合は0.05Tg（テラグラム），全体のわずか0.05％にすぎませんでした。しかし，1万年前に100万人だった人口は現在では約70億人に増加し，地球生態系の中で大型動物の占めていた割合は極端に変化しています。野生動物は1万年前の3割程度まで減少し，かわって人間の総数は7000倍となり，人間の食料としての家畜が占める割合が動物全体の8割になっています。一方，森林面積は3分の2になり，3分の1が耕作地となりました。つまり森林が小麦や稲などの栽培食物を人間のために生産する場へと変化したのです。このように，人間の総数の異常な増加によって，生態ピラミッドは大きく変わりました。現在の地球生態系は極めて不安定な，頭でっかちの生態ピラミッドと化しています。このような地球システムの短期間の急激な改変，すなわち，システムの内的要因の変化によって，どのような応答プロセスがもたらされ，人類社会に影響を与えるのかということに対する定量的解答はまだ得られていません。これは，我々人間社会にとって最大の課題です。

10. 2020年問題と2050年までの課題

急激な人口変動によって，地球システム，特に人間社会が被る変化をコンピューターを使って定量的な答えを導こうとしたのがローマクラブによる研究です（メドウズ 他，1972)。彼らは，1972年に五つの要素として，①人口，②一人あたりの食糧，③化石エネルギー，④工業生産性，⑤環境汚染を取り上げ，20世紀の後半から21世紀の終わりまでの人類の未来を予測しました（**図13-4**)。自然変動を一定と仮定すると，化石燃料は2020年を境に急激に減少し2100年頃までに枯渇します。一方，世界人口は爆発的に増加し，2050年にピークを迎えます。人口増加によって，2020年頃から深刻な食糧不足が始まります。さらに，急増した工業生産は，深刻な環境汚染を引き起こします。これらの予測に基づき，人類は2020年頃から大変な時代に突入すると警告が発せられました。このように，ローマクラブが果たした警告学としての役割は極めて大きいと言えます。論文が発表されて43年が経過した現在，その予測の結果を検証してみましょう。

世界人口は20世紀初頭に約17億人でしたが，2015年現在では約70億人となり，ローマクラブの予測はほぼ完全に当たっています。ローマクラブは，世界人口は2050年には100億人まで約6倍に増加すると予測しています。その原因は，出生率が死亡率を大きく上回るアンバランスです。出生率と死亡率のアンバランスの原因は，応用科学としての医学の充実と栄養価の高い食糧の摂取にあります。しかし，いずれ死亡率が出生率を上回る時代になることが予想されます。そして，世界人口は，2050年を境に2100年までに50億人の人口減少が予測されています。従って，人類史の喫緊の課題としては，今から2050年までの約35年間に増加する世界人口30億人分の食料をどのように確保するかということです。

現在，遺伝子組み換え技術まで投入し品種改良を進め，人類は食糧増産の努力をしています。気候変動と病気に強い品種を開発したり，昆虫に食われない穀物を増加させるための方法を模索しています。さらに，

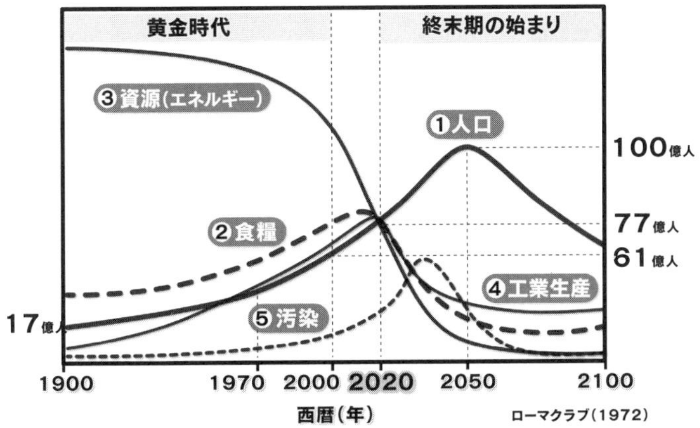

図13-4　2020年問題：持続可能社会の実現

昆虫の食糧化計画や原生動物養殖などの試みもあり，あらゆる生物の食糧化に向けた研究が進んでいます。もう一方で，食糧生産速度を加速させています。例えば，牛の場合，自然で飼育すると成牛になるまで5年かかりますが，牛に与える飼料の改良によって，成牛になるまでの時間を1.5年にまで短縮することに成功しています。さらに，エネルギー問題では，アメリカはシェールガス採掘技術の開発に成功し，化石燃料の寿命をあと200年伸ばしました。エネルギー問題に関しては一安心ですが，増加する環境汚染を回避することが必要です。化石燃料にかわって，環境への負荷を軽減するクリーンエネルギーとよばれる太陽，風力，地熱，潮汐，温度差発電のための技術開発を進めています。さらに石油生成バクテリアの利用，あるいは熱帯地域の「油やし」農園の拡大によってバイオ燃料を取り出し，持続可能燃料による環境負荷の軽減を目指しています。その一方で，消費エネルギーの効率化という観点から，省エネ自動車の開発や，自動車の燃料を電気や水素に変える技術の開発・応用が進んでいます。また，一極集中する超巨大都市におけるエネルギー消費量を最小化するために，スマートグリッドと呼ばれる電力網の整備やエネルギー全体の利用効率化計画が進んでいます。

11. 国家の形態

2020年頃から始まると考えられた人類史上最大の試練の時代を混乱・破壊に導くと危惧されるのが戦争です。社会矛盾の解決のために，戦争が最終手段になることを避けるために，全世界が一つにゆるく連合して，貧富の差をなくす相互扶助の世界の体制をつくることが次の重要な課題になります。これを遅くとも2050年までに早急に完成させ，戦争を回避して，世界人口がおちつく状況に持ち込む必要があるからです。では最後に，世界統一国家を目指した国際社会の展望をお話ししましょう。

すでにお話したように，国家の歴史は，王政国家から宗教国家，さらに軍国覇権主義国家の時代を経て，民主主義国家の誕生に至りました。現在の世界の国家の形態を見ると，民主主義国家が全世界の約半分まで増えましたが，王政国家や，宗教国家，軍事覇権主義国家もまだまだ存在しています。

ヨーロッパの啓蒙時代にジョン・ロック（1632-1704）やルソー（1712-1778）たちが議論し，カント（1724-1804）が「民主主義国家同

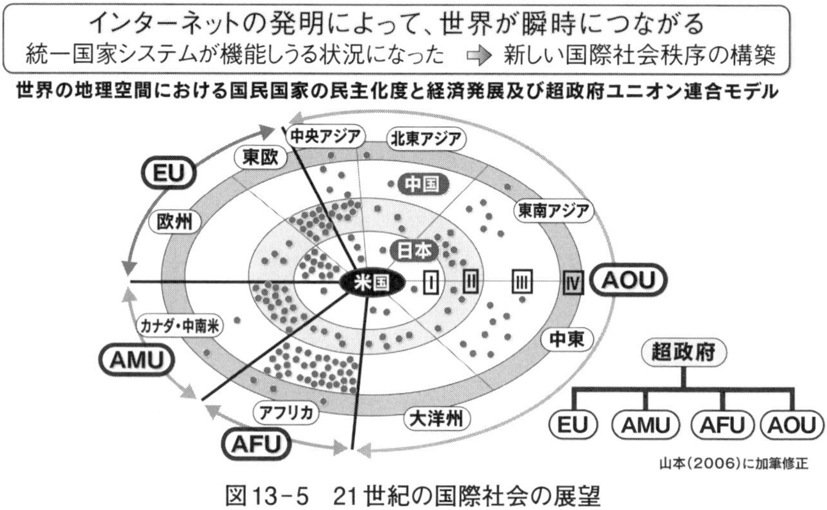

図13-5　21世紀の国際社会の展望

士は戦争しない」という概念を提案し，アメリカを舞台にいくつかの実験さえ行われました。1776年のアメリカの独立宣言による，「人工国家アメリカの誕生」を皮切りに，20世紀終わりまでに世界中に100余りの民主主義国家が誕生しました。人工国家アメリカでは世界のすべての人種とすべての宗教や文化が混合していますが，そういった違いにも関わらず独立以来一度も分裂しませんでした。これは，人類史上初めての形態の国家です。

エール大学のブルース・ラセット（Bruce Martin Russett）は，19世紀の間に起きた戦争が60回あり，その戦争の数は20世紀にさらに3倍の1800回に急増したことを調べました。そして，20世紀だけで1億人の人たちが戦争によって直接死亡したことを示しました。彼は，これらの戦争の中身を検討して，民主主義国家同士が争った例は一回あるかないかであることを明らかにしました。例えば太平洋戦争は軍事覇権主義国家であった日本と民主主義国家アメリカとの戦争でした。そこで，カントが予言した「民主主義国家同士は戦争しない」という法則を具体的な例を使って解析することによって，それが正しいことをラセットが実証しました。

「民主主義国家同士は戦争しない」という法則の原理は次のようになります。民主主義国家のリーダーは選挙で選ばれます。選挙に敗れるとその地位を退かねばならないので，リーダーは様々な決断を慎重に行うことになります。最大のリスクは国家が戦争をするかしないかを判断することです。そうすると，民主主義国家同士では慎重に物事を運ぶため，戦争のリスクが激減します。ラセットはこうして，「デモクラティックピース」という言葉を提案しました。

ヨーロッパは世界の歴史の中で最も頻繁に戦争を繰り返した場所ですが，1993年にEUという共同体をつくり出し，戦争を回避するようになりました。なぜこの連合体ができたのかということが**図13-5**で明快に説明することができます。

12. 21世紀の国際社会の展望

図13-5の楕円グラフは，中心においたアメリカの民主主義の度合いを100 %として，民主主義の度合いに応じて世界のすべての国家を四つのゾーンに分類しています（山本，2006）。中心に近いほど，民主主義が進行している国家で，外側ほど民主主義から遠い国を表します。その尺度は東京大学の山本名誉教授によって定義されたものです。今日の日本やヨーロッパはゾーンⅠに属します。EUの国々は，図の内側のゾーンⅠとⅡに集まっており，民主化度の最も高い国家群であることがわかります。これが，連合体としてのEUができやすかった理由です。それに正反対の国がアフリカ諸国です。アフリカは南アフリカや北部の一部の国を除いてほとんどがゾーンⅢとゾーンⅣの非民主主義国家に属しています。従って，連合が最もできにくい地域であると考えられます。アジアと中南米はその中間です。これら四つの連合のうえに，世界が緩く連合した世界統一国家システムが今世紀中にできるかどうかが今後の人間社会の主要な課題となるでしょう（**図13-5**右下）。

13. 人類の未来

これまでの古気候の研究から，地球平均気温は温暖と寒冷の周期的変動を繰り返し，その変動周期は約1000年であることが経験的にわかっています。この変化のパターンから次の1世紀を予測すると，現在は1000年周期の温暖期のピークを過ぎたところで，この後，寒冷化に向かうと考えられます。

現在，太陽活動は異常に弱くなっています。これは，太陽表面に見られる黒点の数が極端に少なくなり始めたことからわかっています。これは，逆に太陽内部に莫大なエネルギーが蓄積され始めたことを示唆しています。つまり，近未来に爆発的なフレアが太陽表面で発生して，プロトンや電子などの高エネルギープラズマ粒子が地球を襲う危険が増加するということを意味します。例えば，明治維新直前の1859年には，そのような大爆発が太陽表面で起き，地球を直接襲ったために，当時，電気文明を持っていた先進国は大被害を受けました。このようなスーパーフレアと呼ばれる現象が，今世紀中に地球を襲う可能性があります。現在，既に3500個に達する静止衛星と一つの国際宇宙ステーションが地球を周回し，天気予報やインターネット情報革命に重大な威力を発揮しています。それらの国際ネットワークの基盤は，スーパーフレアによって一瞬にして崩壊するリスクがあります。しかし，仮にそういうことが起きても人間が加速度的に進めている技術革新は，一時的中断を伴うものの，短期間の修復によって現代文明をさらに強固に復活させ，次の時代へと進むに違いありません。

現在の科学の最前線では生命の起源を理解し，人工生命学の新しいジャンルを加速度的に発展させていきつつあります。ロボットはすでに複雑化し，極限のマイクロマシンが発明されつつあります。すると限りなく人間に近い奴隷としてのロボットが多くつくられるようになるでしょう。ロボット技術が進化すると同時に，最終的にはロボット自身が自己複製可能な人工生命体をつくる時代がきます。人工生命体が生まれると，生命の歴史における人類の役割が終わって，人工生命体は宇宙に進出し銀河を旅する新たな時代が始まるでしょう。

引用文献

Banzi, F.P., Kifanga, L.D., Bundala, F.M., 2000. Natural radioactivity and radiation exposure at the Minjingu phosphate mine in Tanzania. Journal of Radiological Protection 20（1）, 41e51.

印東道子編，2012，人類大移動，朝日新聞出版，第1章，威，ホモ・モビリタス700万年の歩み，p7-32

メドウズ, D.H.・メドウズ, D.L.・ランダース, J.・ベアランズ三世, W.W.著，大来佐武郎監訳（1972）：成長の限界―ローマ・クラブ「人類の危機」レポート. ダイヤモンド社. Meadows, D.H., Meadows, D.L., Randers, J. and Behrens III, W. W.（1972）：The Limits to growth：A report for the Club of Rome's Project on the Predicament of Mankind. Universe Books.

山本吉宣（2006）：「帝国」の国際政治学―冷戦後の国際システムとアメリカ. 東信堂.

研究課題

1．人類が「第4の生物」と呼ばれる理由を考えてみましょう。
2．HiRと人類の脳の進化の関連性についてまとめてみましょう。
3．人類史上これまでに起きた五つの革命をまとめましょう。
4．ラセットの提案した「デモクラティックピース」という考え方を理解しましょう。

14 生命地球進化のまとめ

丸山茂徳

はじめに

第13章までは，46億年前に地球が誕生した時点から人類誕生に至る進化の歴史を解説してきました。本章では，これまでに解読された地球生命史に引き続き，80億年先の未来の地球の姿についての予測から始めていくことにします。まず，地球消滅までの未来の五つの大事変から始めます。現在から未来80億年先までの間に地球ではどのようなことが起こるのかということを，過去の歴史の研究から導かれた法則に基づいて予測します。次に，地球の記録解読に基づいて生命進化論をまとめ，最後に，何が地球生命史を支配したのかを議論し，生命居住惑星として地球が現在まで存続した条件を整理します。

《キーワード》 地球の未来，進化論，進化の三パターン

1．地球の未来

科学の発展に伴って，様々な知識が体系化されていくと，我々は未来を予測できるようになります。そういった予言能力をもつものが科学です。では，これまで我々が体系化してきた地球と生命の歴史に基づいて，将来起こると予測される五つの大事変を一つずつ解説していきましょう。

まず，4億年後に起こると予測されるのが，C_4植物の死滅です。C_4植物とは，トウモロコシやサトウキビといった，二酸化炭素を非常に多く必要とする植物のことです。二酸化炭素量の経年変化を調べると，時間の経過に伴って，CO_2が減少してきたことがわかっています。このようなCO_2の減少は，地球という惑星がたどる歴史的必然です。地球誕生直後，約100気圧あったCO_2大気は，金星とは異なり，最初の4億年間にそのほとんどが炭酸塩岩としてプレートに固定され，プレートテクトニ

クスによってマントルに運ばれました。その後は，マントルから出てくるCO_2とマントルに輸送されるCO_2の微妙なバランスが保たれるようになりましたが，生物がCO_2を有機物として固定し，地中に埋没させることによって大気中のCO_2は減少してきました。計算シミュレーションによると，大気中のCO_2は約4億年後には，現在の約10分の1の40 ppmになります。大気中の二酸化炭素濃度がここまで低下すると，二酸化炭素の濃度不足によってC_4植物が生存できなくなり，死滅します。C_4植物に限らず，CO_2濃度に依存した植物が衰退し始め，植物に依存する動物の繁栄にかげりが見えるはずです。

10億年後には，海洋質量の減少によりプレートテクトニクスが停止すると予測できます。これは，冷却する惑星の必然です。表層海洋の質量は，顕生代が始まった約6億年前以降，徐々に減少してきました。その理由は，地球表層の海洋の水は，沈み込むプレートとともに含水鉱物としてマントル内に取り込まれるからです。現在までに，初期海洋質量の17 %がマントルに移動しました（Maruyama and Liou, 2015）。そのような一方的な吸収プロセスによって，表層の海洋質量は今後もどんどん減少していきます。現在，海洋の厚さは平均3.8 km，中央海嶺の海底面からの高さは約1.3 kmですが，中央海嶺が海上に姿を現すとプレートテクトニクスが停止します。プレートの上面と下面で潤滑剤の役割を果たしていた水分を中央海嶺でプレートが取り込むことができなくなるからです。プレート運動が停止すると固体地球内部での揮発性元素の循環のみならず，沈み込み帯での火山活動が起きなくなり，地球の表層環境をバッファーすることができなくなるので，地表は激しい環境変化にさらされるでしょう。

プレートテクトニクスの停止は磁場に大きな影響を与えます。なぜなら，海溝から沈み込んだ低温のプレートが核直上に落下することによって強い地球磁場が駆動されているからです。プレートテクトニクスが機能しなくなると，外核の冷却力が低下して地球磁場は極端に弱くなるか，停止することが予測されます。地球表層を守る強い磁場がなくなると，太陽からのプラズマ粒子が地球表層に直接注がれることになり，地表の生命に致命的な影響を与えます。

そして，15億年後，地球表層にわずかに残った海洋は消失します。プレートテクトニクスが停止する頃の海洋は約1.3 kmの深さにまで減少していると予測されますが，磁場が消滅すると，大気海洋成分は宇宙へ散逸していくようになります。この変化には膨張する太陽による地球表層の加熱が影響するでしょう。おそらく，地球は現在の金星のように表面温度が500 ℃に達するようになります。海洋の完全な消失までに数億年の時間がかかりますが，地球の金星化は避けられないでしょう。そして，たとえ10億年後のプレート運動の停止後に生き残った微生物がいたとしても，海洋が消失した時点で完全に死滅することになります。

海洋の消失から35億年後，つまり，今から50億年未来には，近傍の巨大銀河，アンドロメダ銀河がわれわれ天の川銀河に衝突する大事変が待ち構えています。アンドロメダ銀河は天の川銀河の1.5倍から2倍に相当する規模の銀河です。我々の天の川銀河は約1000億個の恒星から成りますが，アンドロメダ銀河は1500億個に及ぶ恒星群からなりたっています。二つの銀河の衝突後には，天の川銀河はアンドロメダ銀河に吸収され，アンドロメダ銀河に随伴する銀河の一つとなる運命であると予測されます。衝突する間に，恒星誕生の頻度が2桁から3桁も上昇するスターバーストが起きるでしょう。

たとえそのような銀河同士の巨大衝突があったとしても，太陽系が消失する可能性は数値計算によると小さいようです。銀河の中はスカスカで恒星間の距離は非常に遠く，すれ違うだけというのです。このような銀河同士の衝突事変を乗り越えたあと，太陽系の中の地球はいったい，いつまで存在しうるかが次の課題です。

太陽はその質量と化学組成から考えて，将来，超新星爆発は起きないというのが天文学者たちによる予想です。しかし，太陽は次第に膨張し白色矮星化します。約80億年後には膨張する太陽によって，太陽系の内側の惑星である水星，金星に続いて，膨張した太陽によって地球が飲み込まれることが予測されています。この時が，地球が宇宙から消える日，地球の消失ということになります。

2. 進化論のまとめ

地球生命と，生命を生む環境の進化を軸に，私たち研究者は，地球生命の普遍性と特殊性，地球がもつ普遍性と特殊性，そして太陽系がもつ普遍性と特殊性を追求し，そこから新たな生命進化論を導きました。それをまとめたのが**図14-1**です。

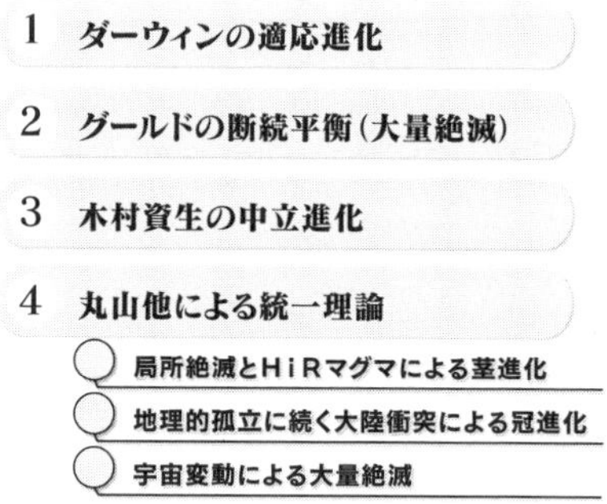

1 ダーウィンの適応進化
2 グールドの断続平衡（大量絶滅）
3 木村資生の中立進化
4 丸山他による統一理論
局所絶滅とHiRマグマによる茎進化
地理的孤立に続く大陸衝突による冠進化
宇宙変動による大量絶滅

図14-1 生命進化論の系譜

生物の分類は，カール・フォン・リンネ（1707－1778）によって生物記載の世界標準が提案されました。その後，地球上に生息する大型動植物の種の分布が記載された「図鑑の時代」を経て，分類が始まり体系化されると，それをチャールズ・ダーウィンが進化論として生物学をまとめました（Darwin, 1859）。

ダーウィンがいた頃は，地球上の大型動物や植物の地球上の分布がほぼ明らかになった時代で，産業革命によって増加する人類の食糧確保のための品種改良が科学における大きな課題となった時代でもありました。動植物の種類と分布そして品種改良の二つを組み合わせてダーウィンの適応進化の概念が提案されました。ダーウィンは，ゆっくり進行する自然環境変化に適応するかたちで生物の進化が進むと考え，自然淘汰説，あるいは適応進化を提案しました。ダーウィン以降，大量絶滅を進化の加速と捉えた古生物学者スティーブン・J・グールドによって「断続平衡説」が提唱されました。その後分子生物学の誕生と発展によって，「中立進化説」が木村資生によって提案されました。21世紀に入ると，ゲノム生物学が急速に発展し，生物進化の系統樹が次々と提案されています。この講義で紹介した丸山他による統一理論は，近年のゲノム科学と地球表層環境，とりわけ大陸の離合集散を表した大陸古地理総合図の組み合わせから，「局所絶滅とHiRマグマによる茎進化（ステムエボリューション）」，「地理的孤立に続く大陸衝突による冠進化（クラウ

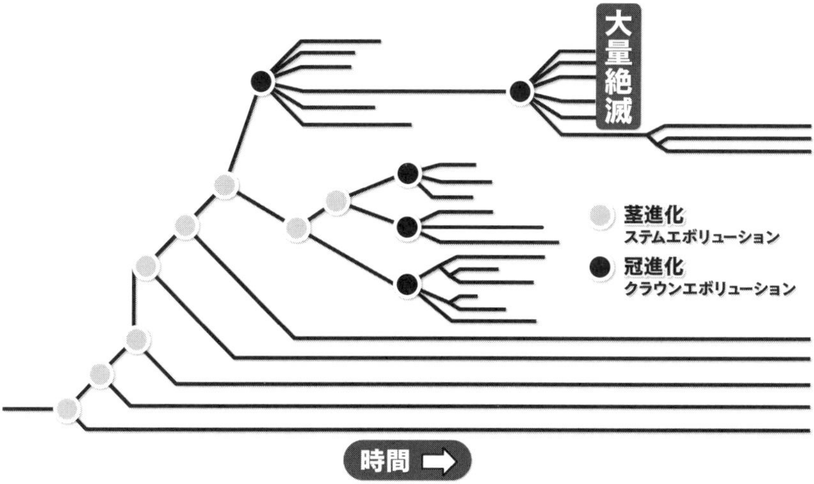

図14-2　進化の3パターン

ンエボリューション)」，そして「宇宙変動による大量絶滅と進化の加速」の3パターンを説明しました。丸山他の統一理論で強調する進化の3パターンについてまとめたのが**図14-2**です。21世紀に急速に発展したゲノム科学と化石証拠を組み合わせることによって，生物の進化系統樹の分岐時刻の推定に，誤差が残るものの確度の高い系統樹が提案されるようになりました。その系統樹に基づいて，茎進化と冠進化の二つの存在を認めることができます。3番目が種の大量絶滅によるものです。この模式的な系統樹はこれら三つのパターンを示していますが，実際には，茎進化と冠進化の中間型がもう一つのパターンとして確認できます。中間型とは，地理的に孤立した大陸内部に起きる進化です。

3. 大陸リフトで起きる茎進化

図14-3は，進化のホットスポットと呼ばれる，現在進行中の茎進化の場を示したものです。アフリカのリフト帯ではHiRマグマの噴出に伴って現在も動植物の進化が進んでいます。ビクトリア湖の淡水魚であるシクリッドがその例で，種の多様化が著しく速く，通常の100倍で起

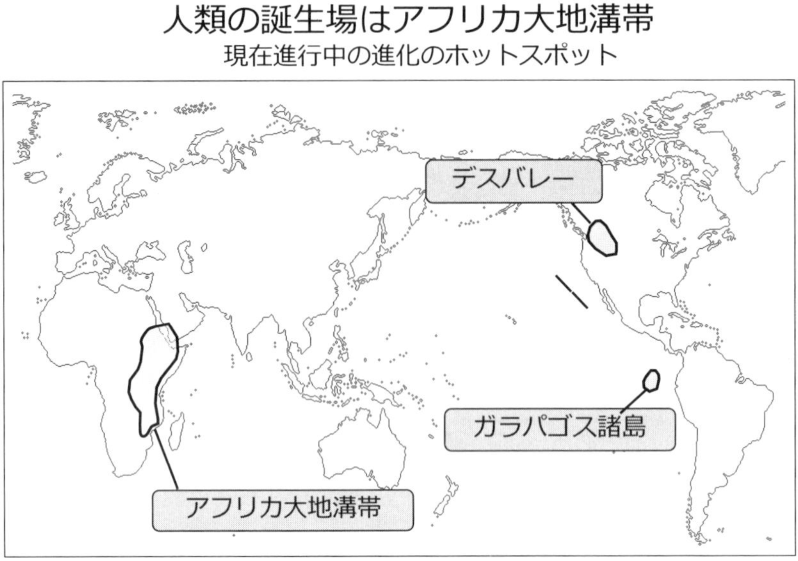

図14-3　大陸リフトで起きる茎進化

きていることが研究からわかっています（Fryer, 1972；Johnson et al, 1996）。われわれ人類も同様にアフリカのリフト帯で生まれ，そこで進化し，約120万年前から全地球へ拡散しました。これ以外にもアメリカ西部のデスバレー，ガラパゴス諸島で強アルカリマグマの噴火に伴って，弱いながらも同様の茎進化が進行中です。

大陸リフトに特徴的に噴出するHiRマグマの強い放射線の影響により，リフト地域に棲息している生物のゲノムは体内被曝により傷つけられます。生物は本能的にゲノムの修復を行いますが，修復に失敗すると生物は死に至り，局所絶滅を起こします。一方で，修復に成功した種は生き延びることになります。つまり，遺伝子変異による新種誕生が生命の進化を加速することになります。これが，茎進化の原理です。理解の鍵は，絶滅の広がりが空間的に狭いことです。HiRマグマは栄養塩に極めてとんだマグマなので，絶滅を免れると，バイオマスは逆に急増します。種の集団の規模が小さいと，突然変異によって生まれた新種が集団に埋没することなく優位になり，短期間で集団を圧倒する種になるのです

(Ebisuzaki and Maruyama, 2015)。もう一つの重要なポイントはこの進化は陸上や湖でしか起きないので，海水準が急激に下降した6億年前以降に集中的に起きたことです（Maruyama and Liou, 2005）。

茎進化の最も新しい例がアフリカにおける人類の誕生です。**第13章 図13-3**は縦軸に脳容量，横軸に年代を示しています。形態学的特徴から，化石人骨は，20種類以上の種に分類されています。それらの脳容積を測定してプロットすると今から約180万年前と，70-80万年前，そして，20万年前の3回にわたって脳容積が不連続的に巨大化したことがわかります。脳の巨大化は極めて短期間の不連続的変化なので，ゆっくりとした環境変化に伴うのではなく，進化の加速で起きたことを示しています（**第13章**）。

放射性同位体元素に富むことを除けば，HiRマグマは，生物の代謝を促進する栄養塩に富む理想的なマグマですが，その中に大量に含まれる放射性元素が原因で，食物連鎖を通してゲノムが傷つき，結果的に変異した種が生き残ることによって，進化の加速が起きるというのが茎進化の本質です。

4. 大陸衝突によって進行する冠進化

図14-4は大陸衝突によって冠進化が進行する場を示した図です。イ

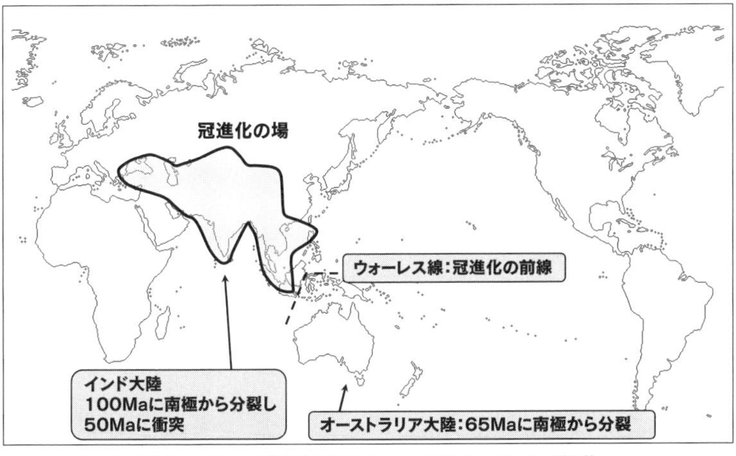

図14-4　大陸衝突によって進行する冠進化

ンド大陸が約1億年前頃に南極大陸から分裂し，北上を続けたのち，約5千万年前にユーラシア大陸に衝突しました。ゴンドワナから分裂後にインド洋の中に孤立したインド大陸の内部で5000万年の間に孤立進化した種は，大陸衝突後，ユーラシア大陸で進化していた種と短期間に交雑することによって，中央アジア南部は地球上で最も多様な動植物群が出現し，動植物の楽園へと進化しました。

ウォーレス線は，ダーウィンとともに進化論の先駆者であったウォーレス（1823-1913）の名をとって名前が付けられていますが，現在棲息しているオーストラリア大陸固有の生物種の北限の分布境界線です。線の両側では，生物相が大きく異なります。これは，現在に至るまでの間に，この地域がアジア大陸と陸続きになることがなく，生物の往来がなかったことを示唆します。大陸移動によっていずれ，オーストラリア大陸とアジア大陸が衝突，融合することが予測されています。つまり，将来，冠進化を起こし，動植物が大繁殖する場であると言えます。

5. 大陸内部の孤立進化

最後に，リフトでのステムエボリューションでもなく，大陸衝突によるクラウンエボリューションでもない中間型のパターンについて説明しましょう。中間型進化は大陸が分裂し，生物種が地理的に孤立した状況で起きる環境変化に対する適応進化です。約1.2億年前以降の哺乳類の進化に見られるように，それぞれの大陸上でローラシア獣類，アフリカ獣類，南米獣類が固有種として進化したことがわかっています（長谷川，2011）。また，マダガスカルの霊長類や，オーストラリアにおける有袋類の進化も，中間型の進化の特徴を非常によく反映した例です。

このような長期的環境変化に伴う適応進化について議論を進めていく際，現在使われている「ダーウィン進化」あるいは「適応進化」という言葉は実は定義があいまいですから，この言葉を明確に再定義する必要があります。環境を分類すると，1. 気温や湿度などに支配される物理的環境，2. 大気・海洋の化学組成などによって決まる化学的環境，3.

生物種の構成など，変化する生態系で構成される生物学的環境，4．大陸分裂による孤立などの地学的環境，5．宇宙線の急増などを起こす宇宙環境，に分けられます。適応進化とは，このようなそれぞれの環境変化に対する応答であると言うことができます。

6．宇宙の変動に起因する大量絶滅と進化の加速

堆積速度が極めて遅い深海堆積物の地層に残されたイリジウム濃度を観測することによって，太陽系が暗黒星雲に遭遇した時代を特定することが可能です。暗黒星雲に突入すると地球に降り注ぐ高エネルギー粒子によって，雲が増加し，地球が寒冷化します。それによって，表層の生態系が破壊されます。近傍超新星爆発が起きると短期間に生態系の破壊が起きます。これが大量絶滅の原理で，イリジウム濃度の経年変化から，中生代末の大絶滅が暗黒星雲との衝突であったことが提唱されています（Nimura et al, 2015）。

一方，同じ宇宙起源の変動でも，さらに大規模な大量絶滅を引き起こすのがスターバーストです。スターバーストは恒星の誕生率が2－3桁高くなる現象で，これが起こると，大量の宇宙線照射が起き，超新星爆発の頻度が増したり，さらに銀河の内部で暗黒星雲の数が急増したりすることが知られています。スターバーストが起こると，太陽系の防護壁であるヘリオスフェアが縮退し，地球は銀河風にさらされ，地球磁場空間を大きく乱します。オゾン層が1万年にわたって消滅するということが起こります（Kataoka et al, 2014）。地球を守る防護壁がなくなることになりますから，表層の生態系は大打撃を受けます。23億年前と8-6億年前の全球凍結はスターバーストと関係したものです。古生代末の2億5000万年前に起こった大量絶滅も，全球凍結まではいかなかったものの，このような宇宙の変動によるものであると考えられます。

宇宙変動が駆動した地球規模の環境変化と，それに伴って地球規模で起きる大量絶滅，そして生態系の崩壊と新たな生態系の確立という一連のシステム変動が系統樹の断絶と再生というかたちで地球生命史に記録

されています。

7. 何が地球生命史を支配したのか？

ここまで，生命進化を促した直接的なメカニズムについて解説してきましたが，ここからは，もう少し大きな視点から見た時の，地球生命史を支配した条件を解説します。

生命が誕生するためには，液体の水の存在（ハビタブルゾーン）だけでは不可能であることは既に述べました。生命の体は，大気，海洋，大陸の3成分から供給される様々な元素，すなわち，大気のC, N，海洋のO, H，そして大陸のP, Kなど約20種類の金属元素から組み立てられています。従って，大気・海洋・大陸が共存し，かつそれらの成分が絶え間なく循環している環境が必要です。循環とは生物が毎日必要とする食事を地球システムが提供するという意味です。これがハビタブルトリニティの概念で，生命の誕生と存続のための必要最低限の条件です（Dohm and Maruyama, 2015）。

しかし，地球史を紐解いてみると，その三要素が共存しているだけでは，生命誕生の条件としてはまだまだ厳しい状況であることがわかります。例えば，原始海洋は，超酸性で金属元素に極端に富み，現在の5～10倍も高塩分濃度だったため，生命にとっては猛毒で，生命が棲めるような海ではなかったと言えます。また，栄養塩を供給する大陸は冥王代の終わりまでに表層から消失し，先カンブリア時代には十分な栄養塩を供給できる環境ではありませんでした。つまり，ハビタブルトリニティ環境は時間とともに変化すると言えます。そして，生命惑星となるためには，トリニティの三要素にもさらに多くの付帯的な条件があるということが言えます。

冥王代の末期までに生命の誕生を可能にするために，ハビタブルトリニティの三要素を変化させ，現在のような地球に導いたのはプレートテクトニクスという機能です。つまり，プレートテクトニクスは地球が生命居住惑星となるための演出をした立役者であるということが言えます。

プレートテクトニクスは大気CO_2のマントルへの輸送，表層海洋のマントル輸送に伴う巨大陸地の露出，海洋の組成の浄化に加えて，栄養塩起原岩石となる花こう岩の生産に貢献しました。さらに，プレート運動は外核の局所冷却の主因であり，強い地球磁場を駆動する強力な原因となり，地球が40億年を越えてハビタブルプラネットとなりえた原因の中の主役であったことになります。ただし，構造侵食によって冥王代原初大陸を破壊してマントルに運び，そのためにハビタブルトリニティ環境をあやうくした原因にもなりました。

8. 地球生命環境を守る外的システム

ハビタブルトリニティ環境を守る重要な役割を担ったのは，プレートテクトニクスに加えて，実は，地球外の木星と土星です。

太陽系の内側には地球を含む岩石惑星，外側には巨大なガス惑星である木星と土星が周回しています。さらにその外側に氷惑星である天王星，海王星が控え，その外側にカイパーベルト小天体群，最外殻にオールトの雲があります。オールトの雲から内側に起源をもつ氷の塊である彗星は，超楕円軌道をもち，太陽系の内側を周回している岩石惑星の地球軌道に送り込まれてきます。これらはしばしば地球にも落下しますが，もし巨大惑星である木星と土星がなかったら，地球には大量の彗星が過去40億年の間に落下し，地球の海洋質量は時間とともに一方的に増加したと考えられます。彗星などの隕石の落下は私たちの想像以上に激しいものです。たとえば，地球表面積の3％程度の南極大陸上に，過去数万年間に落ちた隕石の数は岩石質隕石だけで10万個以上もあります。膨大な数の氷隕石が40億年以上にわたって地球に連続的に落下・集積すると，陸地は完全に水で覆われてしまったはずです。そして，その時は生命惑星の終わりです。あるいは，そもそも地球生命の誕生はなかったかもしれません。そのような地球の運命を決定的に守り通したのは巨大ガス惑星である木星と土星です。1994年に氷彗星シューメーカーレビーが地球に近づいた時に，木星の重力によって9つの氷彗星に分裂して次々と木星に落下しました。これは地球が水浸しになることを防いだ木星，土星の役割の典型例です。しかし，地球は，時間とともに変化します。つまり，ハビタブルトリニティ環境が時間とともにいつ壊れるかということが生命の終わりの時期を導くことも意味します。

9. ハビタブルトリニティの継続時間

図14-5は，そのような環境の変化を示したものです。ハビタブルトリニティ条件が崩壊する地球の未来を示しています。これは，地球史20大事件の未来の5大事件がハビタブルトリニティ環境の崩壊と密接に関係していることを示しています。

大気CO_2の量を見ると，4億年後には，現在の10分の1の量になります。二酸化炭素が，ある一定濃度以上必要であるC_4植物の崩壊がこの時点から始まります。そして，二酸化炭素のさらなる減少はその他の植物の死滅も意味します。植物の死滅によって酸素生産量が減少することは，酸素ポンプの機能不全を意味します。酸素がなくなると，大型地球生命が終わりに向かうことを意味しています。

10億年後には，海洋質量の減少に伴ってプレート運動が停止しますが，その先には地球海洋の消失が待っています。つまり，金星のような状態になると予測され，ハビタブルトリニティ環境が海洋の消失とともに終わることを意味しています。

地球におけるハビタブルトリニティの条件は，少なくとも今後15億年くらいの間は保証されることになりますが，重要なことは，地球環境と生物が共進化しているということです。具体的にいうと，植物あるいはシアノバクテリアが大気のCO_2を遊離酸素に変えます。そして，動物はその遊離酸素による酸化作用というプロセス，すなわち代謝を通じて生み出される莫大なエネルギーによって大型化と複雑化を進行させました。その延長に脳の出現とその加速度的進化によって，この惑星に文明が登場しました，このような，固体地球と生物の共進化は，最も最近の時代の生命進化の重要な特徴の一つです。

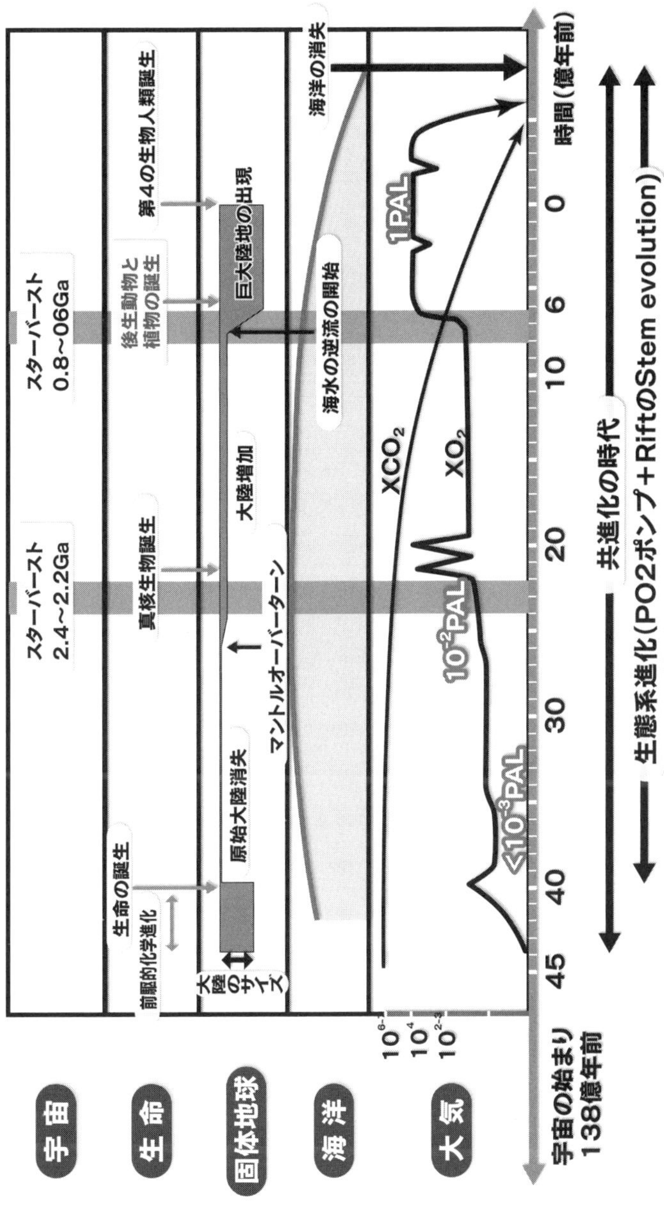

図14-5　時間が支配するハビタブルトリニティ環境

引用文献

Darwin, C., 1859. On the origin of species. John Murray, Albemable Street, London.

Dohm, J.M., Maruyama, S., 2015. Habitable Trinity. Geoscience Frontiers 6, 95-101.

Ebisuzaki, T., Maruyama, S., 2015. United theory of biological evolution：Disaster-forced evolution through Supernova, radioactive ash fall-outs, genome instability, and mass extinctions. Geoscience Frontiers 6, 103-119.

Fryer, G., Iles, T.D., 1972. The Cichlid Fishes of the Great Lakes of Africa. Oliver and Boyd, Edinburgh.

Johnson, T.C., Scholz, C.A., Talbot, M.R., Kelts, K., Ricketts, R.D., Ngobi, G., Beuning, K., Ssemmanda, I., McGill, J.W., 1996. Late Pleistocene desiccation of Lake Victoria and rapid evolution of cichlid fishes. Science 273, 1091e1093.

Kataoka, R., Ebisuzaki, T., Miyahara, H., Nimura, T., Tomida, T., Sato, T., Maruyama, S., 2014. The Nebula Winter：The united view of the snowball Earth, mass extinctions, and explosive evolution in the late Neoproterozoic and Cambrian periods. Gondwana Res. 25, 1153-1163.

Maruyama, S., Liou, J.G., 2005. From snowball to Phanerozoic Earth. International Geology Review 47, 775-791.

Nimura, T., Ebisuzaki, T., Maruyama, S., 2015. End-Cretaceous cooling and mass extinction driven by a dark cloud encounter. Gondwana Res. In press.

長谷川政美, 2011. 新図説　動物の起源と進化－書きかえられた系統樹. 八坂書房.

研究課題

1. 地球の未来に起こると考えられるイベントについて，その理由と併せて説明してみましょう。
2. 生命進化の歴史を，大陸の離合集散との関係に基づき茎進化と冠進化という進化パターンと併せて説明してみましょう。
3. 地球生命の誕生と各時代における生命進化において，最も重要と思われる要因をあげてみましょう。
4. ハビタブルトリニティ環境の重要性と，その時間的変化についてまとめてみましょう。

15 生命惑星学の体系化

丸山茂徳

はじめに

生命惑星学（アストロバイオロジー）という新しい学問の究極のゴールは宇宙に生物はいるのかという問いに答えることです。しかし，我々が知っている生物とは地球生物のことですから，宇宙に生物はいるかといったときの「生物」とはいったい何なのかという問題をまず考える必要があります。つまり，地球生物を見たときに，地球だけでなく宇宙全体に共通する性質である普遍性，そして地球生物に限られる性質である特殊性を区別する必要があります。これは，宇宙生物学を議論する上で一番最初の重要な課題です。現在では，4000を超える惑星がわれわれの太陽系の外側で見つかっています。その中に果たして生物を持つ惑星があるのかどうかを，本章で紹介する指標によって最後に議論しましょう。

《キーワード》 生命惑星学（アストロバイオロジー），普遍性，特殊性，生命惑星誕生のための条件

1．地球生物の普遍性と特殊性の区別

地球生命の普遍性と特殊性を区別するために，もう一度，「生命とは何か」を簡単に復習しましょう。生命誕生に向けて，まず簡単な無機物が次第に複雑な有機物になり，最後には分子量が10の5乗のオーダーであるRNA，さらに10の9乗オーダーのDNAという巨大有機分子へと進化する必要があります。重要な点は，生命を維持するために，膜の中に三つの巨大有機分子が必要だということです。それらは，(1) 代謝という反応を支配する，いわば燃料の巨大分子に対応する糖，(2) リン，カリウムなどの栄養塩を使って代謝の化学反応を促進する核酸の巨大分子，(3) 自己複製するための重要な遺伝子プログラムを支配する塩基対

の巨大分子です。これらはC, H, O, Nという主要元素と20種類の金属元素から構成されます。生命を議論する上で，生命を構成する元素の種類は最も重要な基礎的条件ですから，それについて普遍性と特殊性とは何かを初めに考えてみましょう。

何十年も前のことですが，カール・セーガンを初めとする何人かの人たちは，炭素の代わりにケイ素を主体とする生物が存在するという議論をしたことがあります。周期律表ではケイ素と炭素は同じグループに属しているので，ケイ素が炭素を置き換えることは可能だろうという発想です。しかし，当時も，その後も，多くの研究者によってその可能性は否定されました。その理由は単純で，液体の水が安定な温度領域（地球の場合，1気圧で0〜100℃）ではケイ素を中心とした化合物の種類が100種類に満たないほど少なすぎるからです。そして，鉱物や有機物がその構造において任意の割合で炭素とケイ素が連続化合物をつくれるか，ということについては不可能であることがわかっていたからです。従ってケイ素を中心とする生命は存在しえず，これは宇宙のどのような条件においても変わりません。「生命はC, H, O, Nを中心とした有機化合物でしかありえない」ということが，生命の普遍性なのです。

しかし，生物の主要構成元素以外の約20種類の金属元素については，大きなバリエーションがあります。地球生命においてさえ，各動植物において利用する金属元素の種類と量比には様々な違いがあります。これが，特殊性なのです。

私たちが知っている生物はすべて地球上に存在している生物です。そして，生命に関するすべての情報は地球生物から来ています。従って，普遍性と特殊性を導くためには，まず地球に存在する，あるいは残された化石記録を解読することによって地球生命を知るということが生命の起源と進化の理解にとって非常に重要な情報になります。私たちの研究グループでは，そのような目標に向かって地球生命史のモデルをつくってきました。それをまとめたのが**図15-1**です。

図15-1は，地球の誕生から未来までを描いてあります。46億年前にドライな地球が誕生し，44億年前頃に生命構成元素，つまり海洋と大

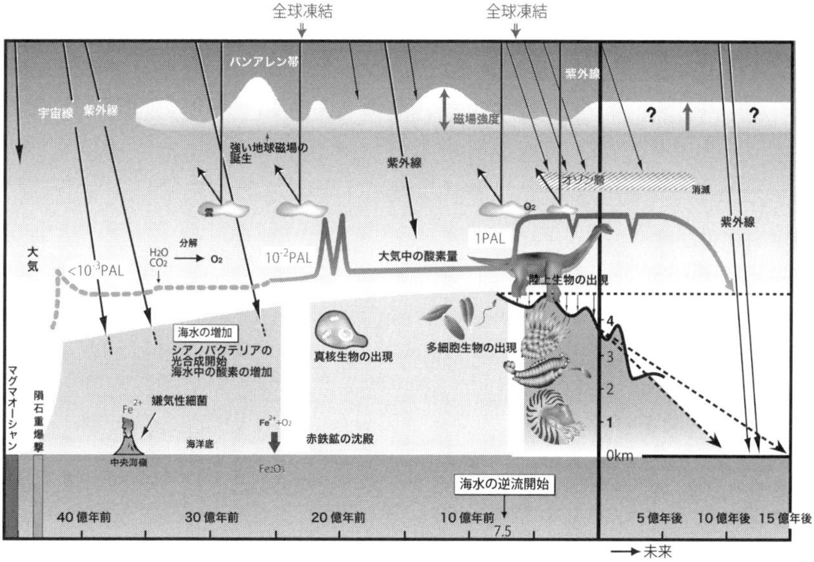

図15-1　地球史46億年と地球の未来（Maruyama et al, 2014）

気の成分が降ってきました。それによってまず初めに非常に厚い原始大気が形成され，その後，地球の冷却に伴って，約4 kmの厚さの海洋が生まれました。酸素量は現在に至るまでに不連続的な増加がありましたが，その過程において，酸素増加に対応して生物が段階的に進化してきました。非常に小さいミクロンサイズだった原核生物から100万倍の大きさの真核生物が誕生し，そしてさらに6億年前に再び100万倍のサイズの後生動物と植物へと進化し，原核生物の時代に比べると，約1兆倍の大型動植物の祖先が生まれました。そして，700万年前に人類の祖先が誕生して文明を持つようになりました。このような総合的地球生命史は，**第3章**で紹介した横軸46億年研究と特異点研究という二つの手法に基づいて構築されていますが，これまでに得られたこれらの知見の中から，その中に隠されている普遍性と特殊性を区別することが宇宙生物学の基礎になります。これが最も重要な出発点です。

2. 生命惑星誕生のための条件

生命が誕生し，進化しうる惑星になるための情報源は地球史しかありません。地球がどのような条件のもとに誕生し，どのような環境を経て現在のような生命あふれる惑星へと進化したのかを解読するためには，地球史研究が鍵になります。ここで具体的に，地球はどのような条件をクリアした結果，現在のような惑星になったのか，その条件を洗い出してみましょう。

図15-2に取り上げた項目は，生命惑星誕生のための条件です。条件は全部で34個あり，三つのグループに分類されています。第1グループは，生命が誕生する惑星となるための条件です。そして，惑星上に生命が誕生したあとで大型多細胞生物に進化しうるための条件が第2グループです。そして第3グループが，文明を持つ惑星へと進化しうるための条件です。各グループの条件を1から順にクリアしていくことが，生命惑星誕生の条件であり，進化の条件です。すべての条件を説明するには紙数が足りませんので，いくつかを紹介します。

例えば，第1グループの一つ目の条件は，「中心星の化学組成と大きさ」です。これは，中心星の化学組成と大きさが，そのまわりを公転する惑星の化学組成や性質を支配することを意味します。例えば，中心星の化学組成で，生命誕生を支配する重要な元素として，炭素Cと酸素Oがあります。CはOと相性が良く結合しやすい元素です。そのために炭素Cが豊富で，酸素Oが不足した場合，水素が存在しても酸素Oが不足するために，水を持つ惑星を生むことができません。C/O比が0.8をこえると水をもつ惑星になれません。このような惑星はカーボンプラネットと呼ばれているもので，実際にそういうものは宇宙に存在します。つまり，中心星の化学組成が生命の存在を決めていることになります。

次に二つ目の「円軌道を持つ」という条件が非常に重要です。我々の太陽系ではほとんどの惑星が円軌道を持ちます。楕円軌道を持つ場合，例えばそれがハビタブルゾーンの中に入る時期があったとしても，夏場には海洋が蒸発してしまう灼熱地獄で，逆に冬場になると全球凍結とい

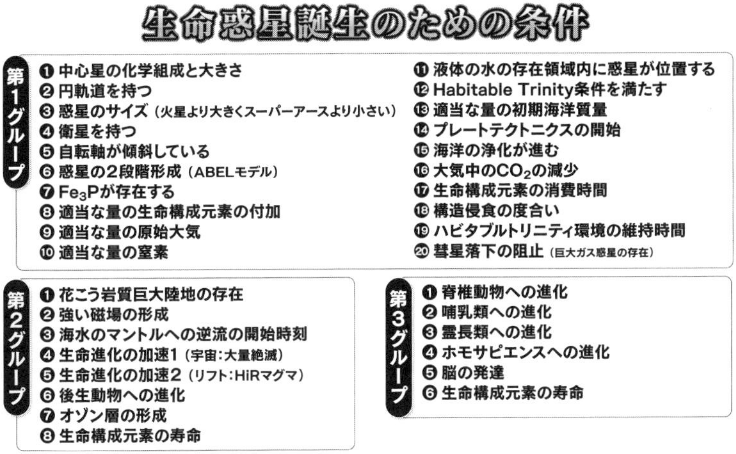
生命惑星誕生のための条件
第1グループ
❶ 中心星の化学組成と大きさ
❷ 円軌道を持つ
❸ 惑星のサイズ（火星より大きくスーパーアースより小さい）
❹ 衛星を持つ
❺ 自転軸が傾斜している
❻ 惑星の2段階形成（ABELモデル）
❼ Fe_3Pが存在する
❽ 適当な量の生命構成元素の付加
❾ 適当な量の原始大気
❿ 適当な量の窒素
⓫ 液体の水の存在領域内に惑星が位置する
⓬ Habitable Trinity条件を満たす
⓭ 適当な量の初期海洋質量
⓮ プレートテクトニクスの開始
⓯ 海洋の浄化が進む
⓰ 大気中のCO_2の減少
⓱ 生命構成元素の消費時間
⓲ 構造侵食の度合い
⓳ ハビタブルトリニティ環境の維持時間
⓴ 彗星落下の阻止（巨大ガス惑星の存在）
第2グループ
❶ 花こう岩質巨大陸地の存在
❷ 強い磁場の形成
❸ 海水のマントルへの逆流の開始時刻
❹ 生命進化の加速1（宇宙：大量絶滅）
❺ 生命進化の加速2（リフト：HiRマグマ）
❻ 後生動物への進化
❼ オゾン層の形成
❽ 生命構成元素の寿命
第3グループ
❶ 脊椎動物への進化
❷ 哺乳類への進化
❸ 霊長類への進化
❹ ホモサピエンスへの進化
❺ 脳の発達
❻ 生命構成元素の寿命

図15-2　生命惑星誕生のための条件

うようなことが起きるでしょう。つまり，楕円軌道では生命が誕生し存続することはできません。

このように一つ一つの条件が満たされていき，第1グループの20の条件をこの順番でクリアすると，生命が誕生する惑星ができあがることになります。そして生命が誕生したあと，第2グループに示されている条件をこの順序でクリアすると大型多細胞生物へと進化します。そして第3グループの条件をこの順でクリアすると，我々人間のような文明をもつ動物が生まれ進化するということになります。なお，ここにあげた第2，第3グループの条件の詳細については今後の課題であることを付記しておきます。

では，ここで，生命惑星に進化するための条件の中でも特に重要な条件をもう少し解説していきます。すでにこれまでの講義で解説してきた概念ですが，生命誕生のための重要な条件であるということに注意して見ていきましょう。

まず最初はハビタブルトリニティ環境です。生物をつくっている構成元素は約70％が水で占められています。残り25％が大気からもたらされる炭素と窒素，そして，残りの5％が石の中にある成分でナトリウムやカリウム，リン，カルシウム，鉄，マンガンなどの20種類の元素です。従って，三つの成分である，大気，海洋，大陸を構成する元素が常に循環し，生物の生息のために供給されることが生命にとっては必要不可欠です。地球の場合にはそのような循環を支配するのは太陽です。このような，大気・海洋・大陸の共存と太陽のもとで生命構成元素が循環する環境はハビタブルトリニティと呼ばれ，生命誕生のための重要な条件の一つです。

次に重要なことは，**第5章**でとりあげたABELモデルを満たす条件です。ABELモデルの重要さは，極端に違う二つの端成分物質が反応することです。すでに解説してきたように，地球は無水の惑星として誕生しました。これは非常に重要なことで，大気海洋成分がない条件で惑星が形成されたために，非常に還元的なFe_3Pという鉱物がマグマオーシャンの固化時に原初大陸の中に生まれます。そして，その後，酸化的な大気海洋成分が無水の地球に降臨したために，爆発的化学反応が起こり，代謝反応の先駆けとなるリンを使った化学反応が開始しました。

生命とは電子が絶えず移動する現象です。非常に大きな酸化還元電位の差が生まれたことを説明するABELモデルは生命誕生に向けた反応の出発である非常に重要な条件を説明しています。

しかし，ここで，もう一つ注意しておきたいのは，Habitable Trinityモデルでも ABELモデルでも，「水の量が適当である」ということが非常に重要な条件となるということです。ここでいう適当とは「曖昧」「いい加減」という意味ではなく，「極めて厳密」という意味です。現在の地球は絶妙な量の水を保有しています。もし，地球の水の量が地球誕生後に現在の海水面よりあと1 km多ければ，表層のほとんどは海洋で覆われ，陸地の極めて少ない（5％以下）惑星となっていたはずです。もし，約100 kmの厚い海洋があった場合には，海洋質量が多すぎて陸地が出現する可能性がなくなり，ハビタブルトリニティという条件を満たすことはありません。従って生命誕生はありえません。逆に，中央海嶺の頂上（高さ約2500 m）が海面上に出てしまうくらい海洋質量が少なすぎると，プレート運動は機能しませんから，猛毒海洋の浄化が進まず，生命が生まれることはないでしょう。

このように海水の量は非常に重要です。多すぎても少なすぎても生命の誕生はありえません。水の量が適量であればハビタブルトリニティ環境が維持されます。もし巨大陸地の維持が継続され，多種多様な表層環境が保証されるならば，生命誕生に向けての化学進化が同時多発的に進むことになります。このように地球は，いくつもの条件をクリアして生命誕生へ向けた前駆的化学進化を起こす環境を整えてきました。しかし，環境が整うためには時間が必要であるということもまた別の重要な条件です。表層の海水は，岩石惑星のサイズに依存してプレート運動によってマントルに運ばれます（Maruyama et al, 2014）。従って海洋量は時間の関数になります。

3．生命誕生までの道のり

図15-3は，上から，生命にとって重要な，代謝，自己複製，膜，といった機能がそれぞれ無数の反応を通して右側に段階的に進行し，最後にコモノーツが誕生することを示しています。第7章で述べたように，生命の体は，例えると1台の完成車のようなものです。ねじやばねといった簡単な部品からエンジンや制御システムなどのより複雑な部品をつくり，それらが集まって1台の車となるように，生命も，アミノ酸や原始タンパク質などの比較的簡単な有機化合物から次第に複雑なビルディングブロック（生命構成単位）に進化し，RNAやDNAをつくり，最終的に生命の誕生に至ります。

しかし，そのような反応が次々と起こっていくためには，時間がかかります。地球表層は多様で動的な環境ですから，酸化的物質や還元的物質が入り乱れて存在し，生命合成に必要な化学物質が都合よくどこでも供給されるわけではありません。従って偶然の出会いを待つ間の時間が必要だということになります。図中には，黒いドットが書かれていますが，これはデッドエンド，つまり化学平衡に達したために物質の反応が進まなくなった点を意味しています。このような状態になると，生命の合成はここでストップしてしまいます。生命誕生の過程では，おそらく

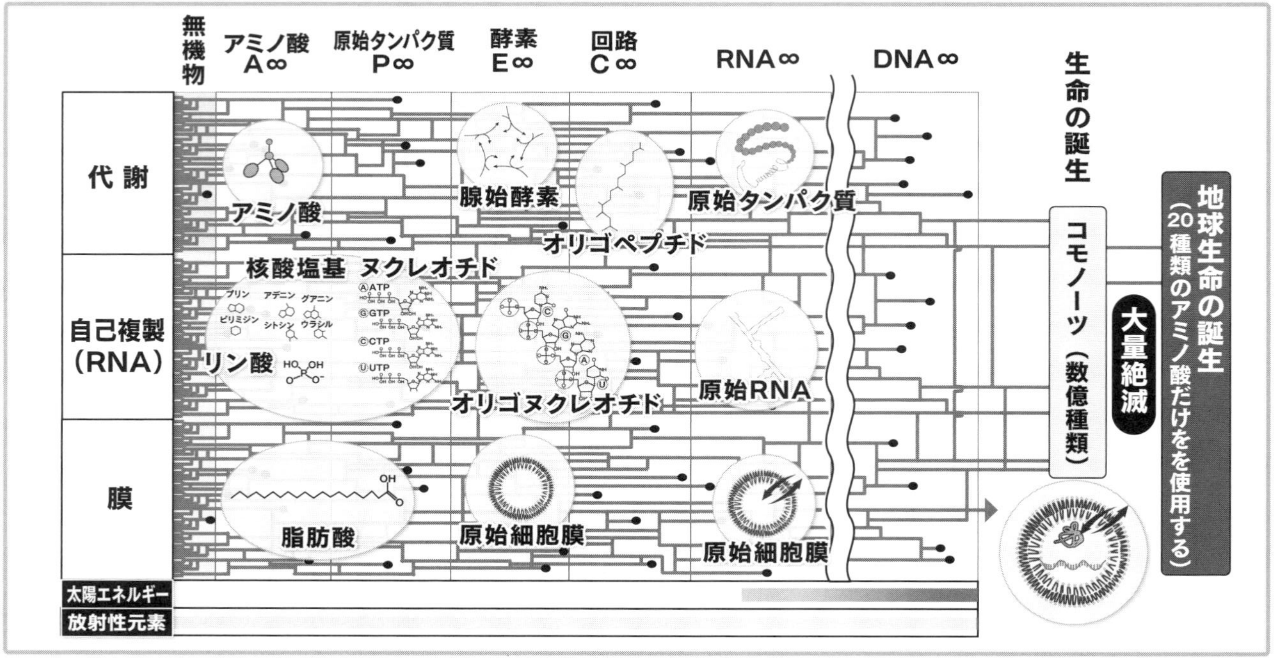

図15-3　生命誕生までの道のり

こういったデッドエンドに乗り上げたことが無数にあったはずです。つまり，そこに到達するまでにあったおそらく何100万回というステップを再び一からやり直すということになりますから，生命誕生までには膨大な時間を必要とするのです。結果論になりますが，約4億年はかかったと考えられるでしょう。

地球生命はそのような厳しい条件をクリアし，冥王代末期の地球表層環境で無数のコモノートが誕生したと考えられます。しかし，せっかく誕生した多くのコモノートは死滅したはずです。原始海洋が猛毒海洋だったからです。プレートテクトニクスによる大陸分裂や激しい構造侵食による原初大陸の消失によって，コモノートはほぼ絶滅したのでしょう。

地球生命は20種類のアミノ酸しか利用しないことがわかっています。理論的にはほぼ無限に近い種類のアミノ酸が自然界では誕生しますから，コモノーツは多種多様なアミノ酸を利用したはずです。では，なぜ地球生命は20種類のアミノ酸だけを利用するのでしょうか。それは，大量絶滅によって，特殊な構造と微量元素を持ち，緩和された毒性に耐えられるアミノ酸を利用したコモノーツ，すなわち20種類のアミノ酸しか利用しない生物が生き残ったからであるということを示唆しています。

4.「生命惑星誕生のための条件」の応用

図15-2では，生命を持つ惑星に進化するための34の条件を三つのグループにわけて紹介しました。では，その34の条件を使って，火星や金星，あるいはそれ以外に生命がいると期待されている惑星に果たして生命が存在しうるのか，ということを具体的にテストしていきましょう。

図15-4は，エウロパの断面図を簡略化して示しています。エウロパは太陽から遠すぎるので表層は厚い氷で覆われています（Hand, 2007；Maruyama et al, 2005）。しかし時々隕石が衝突してエウロパの氷が壊れて中から内部の水が噴き出して凍ったことを示す証拠が表層に残されています。そのことはこの氷の中にかなり厚い液体の水（内部海）があ

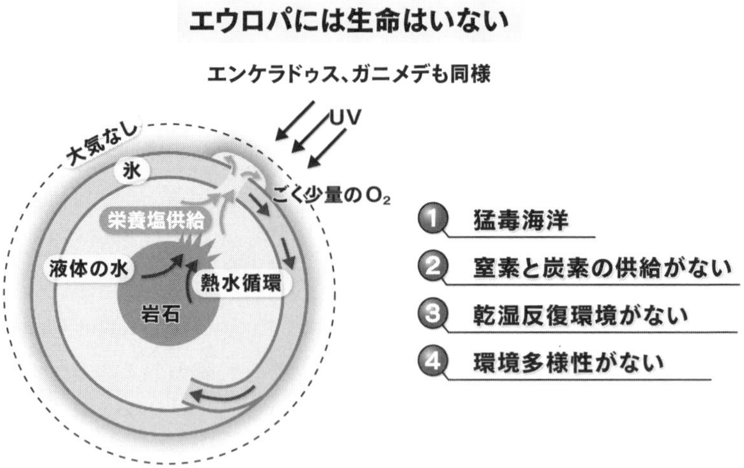

図15-4　エウロパに生命はいない

るだろうということを暗示しています。そして，液体の水の中にかなり大きな岩石の塊があるということも惑星形成論から容易に想像することができます。もしエウロパがマグマをつくる能力をもっていると仮定すると，内部海の中で熱水循環が起き，地球の中央海嶺熱水系に近い環境が生まれます。そうすると，ここには生物がいるかもしれない，あるいは時々隕石が衝突して表面に割れ目ができるので，氷と紫外線が反応して表層にわずかな遊離酸素ができる可能性があるという議論をする人もいます。そこで，大型多細胞生物さえエウロパにいるかもしれないと期待する研究者がいます。しかし，エウロパは半径が約1500 km程度と小さすぎて大気がありません。地球の月の半径が約1700 kmで，それよりもさらに小さいので，月に大気がないことを想像するとエウロパに大気がないことが容易に理解できると思います。そうすると，ハビタブルトリニティは存在しません。つまり，大気から連続供給されるべきCとNが供給されませんから，エウロパでアミノ酸など合成されるはずがなく，生命の誕生がありえないということは容易に想像がつくでしょう。さらに内部海の環境では，乾湿サイクルが期待できません。従って，アミノ酸の重縮合によってタンパク質をつくる環境がありません。さらに膜の形成も不可能です。さらに，エウロパ内部に水はあってもこれは生物にとって安全な水であるという保証が全くありません。**第7章**で解説したように，猛毒海洋の浄化のためにはプレートテクトニクスが機能することが必要です。プレートテクトニクスが到底不可能なエウロパの海は猛毒海洋であると考えるのが自然で，そういう点でもエウロパの生命はあり得ないといえるでしょう。

図15-5は火星の歴史を簡単にまとめた図です。縦軸は，地面から大気の断面を示し，横軸は時間を示します。実は，火星は最初期の6億年間は地球と非常に似た歴史を持っています。火星は地球の半分ほどの大きさしかありませんので，重力が小さく地球の100分の1気圧の大気しかありませんが，火星にはもともとは数km以上の厚さの海洋があったことが表層地質に残されています。従って，ハビタブルトリニティ条件や，その他の第1グループの条件を満たしていた期間があると考えられるのです。もし，生物が出現したならば，火星の古い堆積岩中に大量の有機化合物が堆積物とともに残されたはずです。しかし，火星探査機のキュリオシティが調べたにも関わらず，残念ながら，現在まで高次の有機化合物は見つかっていません。

では最後に，生命探査で最近注目を集めている系外惑星について簡単に紹介します。1992年の系外惑星最初の発見以降，近年の惑星探査衛星ケプラーによる観測によっても次々とおびただしい数の系外惑星が発見され報告されてきました。2014年までに約4600個の惑星が候補を含めて同定されています。その中でNASAの研究者たちが生命存在性が高いと期待する三つの系外惑星について以下に解説しましょう。

図15-6は縦軸が中心星のサイズを示し，太陽を1としたときの中心星のサイズが描いてあります。横軸は中心星からの距離で，太陽と地球の距離である1AUに換算して，中心星と惑星の距離を示しています。帯で示したハビタブルゾーンの領域は，中心星のサイズによって異なります。たとえば，太陽系を例にとると，太陽はGというタイプに分類される恒星で，太陽系のハビタブルゾーンは0.97～1.3AUの位置にあり，地球はそのど真ん中に位置します。HD40307gは地球の約7倍の質量を

持つ巨大惑星で，中心星から約0.6AUのところを公転しています。惑星のサイズは，ケプラー186fは地球とほぼ同程度のサイズですが，中心星の大きさは太陽の30％ほどで，約0.3AUの距離を公転しています。Kepler16bは，連星である二つの中心星（K型とM型）の共通重心のま

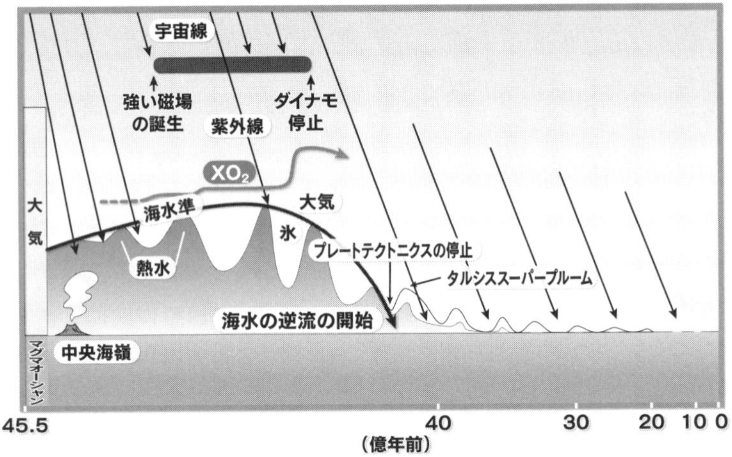

図15-5　火星の歴史－火星表層の歴史46億年を示した図（丸山 他，2008）
火星は最初期の45.5億年前から40億年前の間に厚さ10 kmの海洋に覆われ，強い磁場を持ち，プレートテクトニクスが機能していた可能性がある。従って，生命が誕生し，進化した可能性が残されている。

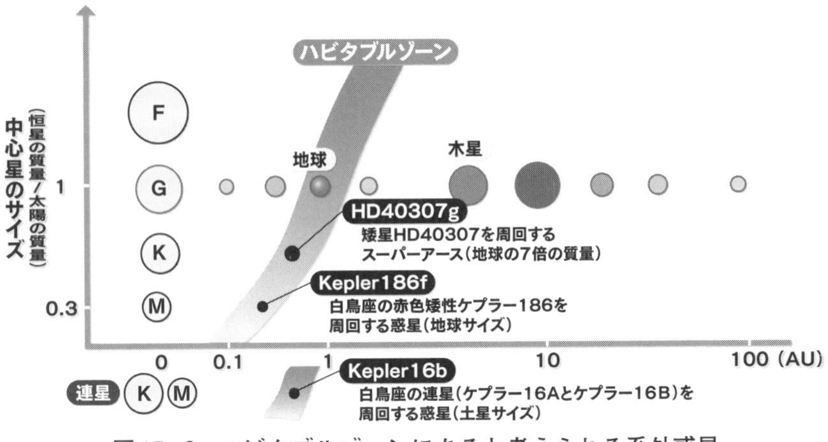

図15-6　ハビタブルゾーンにあると考えられる系外惑星

わりを公転している変わった巨大惑星で，その大きさはほぼ土星と同じで，約0.7AUのところを公転しています。

ここで紹介する三つの系外惑星は，液体の水が存在しうるという最初の20個の条件の一つを満たしているにすぎません。ハビタブルゾーンの範囲内に存在するため，惑星表面に液体の水をまとっている可能性が高いというだけで，本当に液体の水があるかどうかも実は不明なのです。NASAを中心にこれら三つの惑星の次の探査が極めて重要だといわれていますが，さきほどの条件を適用して，これら三つの惑星が「生命を持つ惑星かどうか」を議論することができます。結論を先に述べますと，Kepler186fを除いた二つの惑星は望みなしです。その理由は惑星の大きさです。

5. なぜ惑星のサイズが重要なのか

地球の約10倍のサイズを持つスーパーアースのような巨大な惑星は，そのサイズゆえに，なかなか冷却せず高温を維持します。従って惑星の内部ではマントル対流が激しすぎて，表層の大陸は構造侵食でつねに削られて惑星内部に沈み込んで地表から消えます。つまり，ハビタブルトリニティ環境がないということになります。つまり大きすぎる惑星では生命誕生は無理です。したがって，さきほど紹介したHD40307g（地球の7倍）やKepler16f（土星サイズ）は惑星サイズが大きいために，生命誕生はありえないと考えられます。Kepler186fの場合は，サイズには問題なく可能性が残っていますが，密度情報がないのでこれ以上の議論が不可能です。密度情報があれば，海洋の厚さの議論が可能になり，ハビタブルトリニティの議論も可能になります。

地球の場合でも，原初大陸は誕生後6億年で表層から消失しましたが，その後，花こう岩質な陸地は小さくても辛うじて太古代に存在しました。そして，地球はスーパーアースよりも小さく極めて手頃なサイズであったために，内部が十分冷却して，約6億年前から海水がマントルに逆流し，その結果，巨大な陸地（大陸地殻）が出現しました。そのことによって，塩分濃度が下がり，動物が海に住める環境となり，動植物の大繁栄が可能になりました。

火星は，水を持つ惑星として生まれ，栄養塩を持つ原初大陸も地表に存在し，ハビタブルトリニティ環境が存在しました。しかし，サイズが小さかったために，惑星の冷却が地球よりも早く進み，火星表層の海洋の水はプレートテクトニクスによってほとんどが火星内部に移動して消えたということになります。惑星サイズが小さいことが原因で，惑星進化が早く進み，時間不足のために生命が誕生しなかったのでしょう。もしくは生命が誕生していたとしても，ハビタブルトリニティ環境が壊れ，無生命の惑星となりました。

月はサイズが小さすぎて，大気や海洋を保持できず，ハビタブルトリニティ環境が生まれませんでした。従って生命は誕生しなかったでしょう。

6. 宇宙に生物はいるか

最近では，主として惑星科学の研究者の多くは，「宇宙に生物はいると思う」と答えます。そういう人たちは，銀河系の恒星の数の多さが理由だと説明します。我々銀河系のなかには1000億の太陽（恒星）があるので，それと同じぐらいの惑星の数があると推測できます。とすれば，生命の存在確率は非常に大きくなって，銀河系のどこかに必ず生物がいるだろう，と推測し，宇宙に文明があふれるという楽観的な考えが生まれます。

私は，地球生命の誕生環境から進化に必要な条件を34個洗い出し，宇宙生命の存否を考えるための論理を導きました。生命の誕生に至る条件は20個もあり，それらの条件をクリアするためには偶然的確率があまりにも多すぎます。おそらくいくつもの偶然が重なったのが地球生命の誕生だと考えられます。例えば月のような非常に大きな衛星をつくるためには，絶妙な角度で天体衝突が起こる必要があります。しかし，衝突の角度は偶然によるものです。また，地球の初期海洋質量が4 km ± 1 kmであることも同様に偶然としか考えられない奇跡的な確率によるものです。しかも，そのような絶妙な海水量は，太陽系の外惑星である木星，土星がうまく機能し地球を守ったことが原因です。

こういった様々な偶然を考えると，銀河系の中で文明を持つ惑星は，実は，我々地球1個である可能性が高いと思っています。ただし，微生物レベルの生命を持つ惑星はかなりあるかもしれません。しかし，もう一方では銀河の数は宇宙でさらに1000億あるということが天文学者によって言われています。従って銀河系に我々のような文明を持つ惑星が1個あるのだから，宇宙には文明をもつ惑星が1000億もあるという議論が可能です。しかし，確率はあくまで確率で，全宇宙の中で文明を持つ惑星も実は地球だけかもしれません。これが確率というものです。

いずれにしろ，この問題は今後，興味ある展開を見せるでしょう。ケプラー衛星のような系外惑星観測に焦点を絞り込んだ観測衛星が今世紀に次々と打ち上げられるからです。生命惑星学あるいは宇宙生物学は，総合自然科学分野の新ジャンルとして，わくわくする時代にわたしたちを導いてくれるでしょう。科学は遂にそういう時代に突入したのです。

引用文献

Hand, K.P., 2007. On the Physics and Chemistry of the Ice Shell and Sub-surface Ocean of Europa (Ph. D. thesis). Stanford University, 290 pp.

Miyamoto, H., Giuseppe, M., Showman, A.P., Dohm, J.M., 2005. Putative ice flows on Europa：geometric patterns and relation to topography collectively constrain material properties and effusion rates. Icarus 177, 413e424.

Maruyama, S., Sawaki, Y., Ebisuzaki, T., Ikoma, M., Omori, S., Komabayashi, T., 2014. Initiation of leaking Earth：An ultimate trigger of the Cambrian explosion. Gondwana Res. 25, 910-944.

丸山茂徳, Baker, V., Dohm, J., 2008. 火星の生命と大地46億年. 講談社.

研究課題

1．地球生命の普遍性・特殊性について考えてみましょう。
2．生命誕生に至るまでには，様々な条件を克服する必要があることを理解しましょう。
3．生命惑星になるためには，なぜ多すぎず少なすぎない「適当な量」の水が必要であるのか，理由を説明してみましょう。
4．エウロパに生命がいないと考える根拠について理解し，例えば，火星や金星に生命がいるかどうかを考えて見ましょう。
5．惑星の進化において，惑星サイズが重要であることを理解しましょう。

参考文献

『岩波講座地球科学』(全16巻) 岩波書店, 1979

●地球の起源に遡る固体地球の歴史と生命進化をプレートテクトニクス以降の研究を概観する書物として最適。

『岩波講座地球惑星科学』(全14巻) 岩波書店, 1998

●このシリーズは, 入門編 (1〜3), 基礎編 (4〜11) および, 総合編 (12〜14) に分かれ, 1979の岩波講座地球科学の再編版である。全体として当時の雰囲気をよく伝えているが, 生命と地球の歴史に関しては, 混沌とした当時の状況を残している。

『シリーズ進化学』(全7巻) 岩波書店, 2004

●これは, 地球生命史を主として生物学者が古生物学者と共同で執筆した生命の起源と進化論である。この書物の出版以降にゲノム科学は大発展を遂げて, 多くの新しい概念が現れつつある。これは, その移行期の知的興奮が伝わる書物である。

丸山茂徳, 磯崎行雄著 『生命と地球の歴史』岩波新書, 1998

●岩波講座地球惑星科学と同年に出版された。二つの書物を比較すると面白い。この書物は神秘的な生命と地球の歴史を近代的な分析機器と観測, 超深部固体地球科学, 地球表層に残された生命表層環境, 固体地球の歴史の知見を総合化してつくり上げられたものである。

丸山茂徳著 『46億年地球は何をしてきたか?』岩波書店, 1993

●この本は著者が地球史解読を目指す入口となった心境を中心に解説したもので, 日本で確立した付加体地質学の技術を世界最古の地質体に応用して地球の中心から生命までの進化を議論できる確証を得るに至った心象風景をエッセイ風につづったものである。

Windley, B.F. "The Evolving Continents.Wiley and Sons." 1977. 1984. 1995

●地球表層に残された地質学的記録を膨大な論文を駆り集め, 地球と生命の歴史を記載学的に著述した労作である。文献の総数は3000にのぼる (1995年版)。出版年度によって文献の内容は重複がほとんどない力作。

Condie, K.C., Sloan, R.E. "Origin and evolution of Earth.Prentice Hall, New Jersey, USA" 1998

●Windleyの地球史の本に比べて, 古生物学的記述を多く取り入れた入門書。

熊澤峰夫，伊藤孝士，吉田茂生編集『全地球史解読東大出版会.』, 2002
●文科省重点研究（全地球史解読）の研究成果のまとめとして出版された。宇宙のリズムの記録を解読する縞々学にやや偏重した地球史であるが，地球史解読のための研究哲学を含めた好著。
『シリーズ現代の天文学』（全17巻）日本評論社，2007
●観測天文学による研究の発展は著しい。次々と系外惑星を含め，深部宇宙の描像が明らかになり天文学は全く新しい時代を迎えた。太陽系に影響を及ぼしたスターバーストやその原因となった銀河同士の衝突，さらにダークマターやダークエネルギーの新しい概念が生まれた背景が述べられている。
井上勲著 『藻類30億年の自然史：藻類からみる生物進化』東海大学出版会，2006
●この本は藻類の研究にほぼ一生をささげた井上勲氏の大著である。マクロな藻類の研究だけではなく，ゲノム科学までを組み込んだ藻類の進化の歴史の解説となっている。さらに，進化を育んだ地球システムの変動との関係を論じている。お勧めしたい好著である。

索引

●配列は五十音順，＊は人名を示す。

●さ　行

●た　行

●な　行

●は　行

●ま　行

●や　行

●ら　行

●わ　行

分担執筆者紹介

（執筆の章順）

磯﨑　行雄（いそざき・ゆきお）

・執筆章→2・11

1955年	滋賀県に生まれる
1986年	大阪市立大学理学博士
	山口大学理学部助手，東京工業大学理学部助教授を歴任
現在	東京大学大学院総合文化研究科教授
受賞歴	米国地質学会フェロー（2007年），日本地質学会賞（2007年）など
主な著書	「生命と地球の歴史」岩波新書（1998）
	「東北アジア：大地のつながり」東北大学出版会（2011）

大森　聡一（おおもり・そういち）

・執筆章→4・9・12

1966年	東京都に生まれる
1997年	早稲田大学大学院理工学研究科資源及材料工学専攻
	博士課程単位取得退学
1998年	博士（工学）
現在	放送大学・自然と環境コース・准教授
専攻	地質学，岩石学
主な著書	地震発生と水（東京大学出版会）共著
	Superplumes：Beyond Plate Tectonics（Springer）共著
	宇宙生命論（東京大学出版会）共著

編著者紹介

丸山　茂徳（まるやま・しげのり）

・執筆章→1～15

1949年	徳島県に生まれる
1980年	名古屋大学理学博士。その後，スタンフォード大学客員教授，東京大学教養学部助教授，東京工業大学大学院理工学研究科教授等を歴任
現在	東京工業大学特命教授
受賞歴	米国科学振興協会（AAAS）フェロー（2000年），紫綬褒章（2006年），米国地質学会名誉フェロー（2014年）など
主な著書	「生命と地球の歴史」岩波新書（1998） 「ココロにのこる科学のおはなし」数研出版（2006） 「火星の生命と大地46億年」講談社（2008）

放送大学大学院教材　8960615-1-1611（テレビ）

地球史を読み解く

発　行　　2016年3月20日　第1刷
　　　　　2018年1月20日　第3刷
編著者　　丸山茂徳
発行所　　一般財団法人　放送大学教育振興会
　　　　　〒105-0001　東京都港区虎ノ門1-14-1　郵政福祉琴平ビル
　　　　　電話　03（3502）2750

市販用は放送大学大学院教材と同じ内容です。定価はカバーに表示してあります。
落丁本・乱丁本はお取り替えいたします。

Printed in Japan　ISBN978-4-595-14075-4　C1344